섬오름 이야기

신들의 땅

섬오름 이야기

신들의 땅

최창남 글 | 김수오 사진

뿌리와
이파리

차례

일러두기

1. 표지 및 본문의 사진은 모두 김수오가 촬영한 것이며, 예외인 223쪽 상단의 사진은 저작권을 표기해두었다.

2. 단행본, 정기간행물 등은 겹낫표(『』), 논문 등에는 홑낫표(「」), 노래제목, 영화 등은 홑화살괄호(〈〉)를 사용했다.

3. 인명, 지명 등은 국립국어원의 외래어표기법 표기일람표와 용례를 따랐지만, 관례로 굳어진 경우는 예외를 두었다.

마중글

섬으로 흘러들다

　제주는 신화의 땅이다. 신화에는 그 땅에 몸 기대고 살아가는 사람들의 살아온 삶과 그들이 바라던 삶의 모습이 그대로 담겨 있다. 그렇기에 신화는 그저 전해 내려오는 옛날이야기가 아니라 오늘의 이야기이다. 그들의 삶이고 삶이 투영된 희망 그 자체이며 바람으로서의 삶이다. 제주 사람들이 신화를 기억하고자 하는 것은 그들이 지녔던 본래의 모습들과 희망했던 삶의 모습들을 잃어버렸기 때문일지도 모른다. 그 모습들을 잃어버리지 않고 간직하고 있다면 신화는 더이상 신화일 수 없다. 의미도 없을 것이고 찾아나설 필요도 없을 것이다. 살아왔던 본래의 모습을 잃고 간절히 품었던 희망의 삶 또한 이루어지지 않았기에 신화를 찾아나서는 것이다. 이 섬에는 신화와 전설이 깃들어 있지 않은 곳이 없다. 시선 닿는 곳마다 이야기들이 깃들어 있다. 한라산과 바다와 곶자왈에만 있는 것이 아니다. 불과 오륙십 년 전까지만 해도 제주 사람들의 식수와 생활용수로 사용되었던 용천수가 나오는 물통들에도, 368개나 된다고 알려져 있는 오름들에도 저마다의 이야기들이 담겨 있다. 그 하나하나가 모두 신화의 배경이며 섬사람들의 삶이다. 섬사람들은 오름에서 태어나 오름에서 말과 소를 방목하며 살았고, 죽어서는 오름에 묻혔다. 오름은 바다와 함께 일만팔천여 신들이 산다는 신화의 땅인 이 섬의 배경이며 삶의 자리였다.

　설문대할망이 우주의 중심이 되는 곳을 찾아 세웠다고 전해지는 이 섬의 역사는 고난과 눈물로 점철되어 있다. 이 섬은 한반도의 남쪽에 자리한 지

정학적 위치 때문에 끊임없이 육지로부터 간섭받고 지배당했다. 고려시대
에는 고려 조정의 명을 받은 최영 장군이 이끈 2만 5000명 대군에 의해 온 섬
에 피의 강이 흘렀다고 할 정도로 큰 살육을 입었고, 조선시대에는 모진 핍박
과 착취를 당하면서도 정당한 대접을 받지 못했다. 그저 유형의 땅이었을 뿐
이다. 현대에 들어 해방 정국에서는 우리 모두가 다 알고 있듯이 4.3사건으로
인해 당시 제주 도민의 3분의 1가량이 죽음을 당했다. 남정네의 씨가 마를 정
도로 많이 죽었다. 이래 죽고 저래 죽었다. 제주도는 여성들의 땅이 되었다.
그래서 제주도는 바람 많고, 돌 많고, 여성이 많다는 삼다三多의 땅이라는 별
칭을 얻었다. 삼다의 땅이라고 하니 얼핏 그럴듯하게 들리고 낭만적으로 느
껴지기까지 하지만 실상은 고통과 눈물의 땅이라는 말이다. 돌 많으니 농사
짓기도 힘들었고, 바람 심하니 고기잡이도 힘들었다. 그러니 살아남은 여성

들은 살아가기 위해 바닷속으로 들어갈 수밖에 없었다. 살아가는 일이 고달프고 힘들었다. 사랑하는 남편과 아버지, 아들을 잃고 여성들이 얼마나 고통스러운 세월을 숨죽여 한숨 내쉬며 살아왔겠는가. 그 숨결 하나하나가 섬 곳곳에, 오름에 깃들어 있다.

제주는 바람 타는 섬이다. 이 제주의 바람을 그대로 품어 안은 곳이 있다. 오름이다. 오름은 바람의 집이라 할 만하다. 오름에는 언제나 바람이 머문다. 오름의 부드러운 능선을 따라 흐를 때에도, 오름 품은 울울창창 깊은 숲을 지날 때에도 바람은 사방팔방 거칠 것이 없다. 때로는 강렬하게, 때로는 고요히 머물며 흐른다. 바람을 느낄 수 없는데도 억새들과 풀들이 흔들리는 것을 볼 때가 있다. 바람이 분화구 안에, 깊은 숲 사이사이에 머물고 있기 때문이다. 설문대할망의 바람이다. 설문대할망이 이 섬을 창조할 때 할망의 손끝에서 나온 바람이다.[*] 나는 이 바람을 느낄 때마다 설문대할망이 지나가고 있는 것이라고 생각했다. 할망이 살아서 자신이 창조한 세계인 이 섬의 곳곳을 둘러보며 살피고 있는 것이라고 믿는다.

제주의 수많은 신들 중 가장 으뜸인 신은 제주를 창조한 설문대할망이다. 오름을 만든 이도 바로 설문대할망이다. 설문대할망이 한라산을 만들

[*] 『설문대할망 손가락』, 문무병 지음, 각, 2013, 18쪽.

때 앞치마에 흙을 담아 날랐다. 그런데 이 앞치마가 낡아 구멍이 군데군데
났다. 뚫린 구멍으로 흙이 흘러내렸다. 그렇게 흘러내려 쌓인 곳이 바로 오름
이 되었다. 오름의 꼭대기가 움푹 파인 것은 너무 높고 뾰족하게 만들어진 것
이 마음에 들지 않아 설문대할망이 손으로 툭 쳐서 그리되었다고 한다. 한라
산의 백록담 또한 마찬가지이다. 산을 만들어놓고 보니 너무 높은 듯하여 손
끝으로 툭 치니 산꼭대기 부분이 날아가며 백록담이 생겼다고 한다. 날아간
부분은 서귀포시 안덕면까지 날아가 산방산이 되었다. 그러니 분화구가 있
는 오름은 할망의 손길이 한 번 더 닿은 곳이라고 하겠다. 전설에 의하면 할
망은 엄청난 거인이었다. 한라산에 엉덩이를 걸치고 앉아 한 발은 제주시 북
쪽으로 20여 킬로미터 떨어져 있는 관탈섬에, 다른 한 발은 서귀포 앞바다에

있는 자귀섬에 걸쳐놓고 빨래를 했다고 한다. 성산 일출봉은 빨래 바구니처럼 사용하고 우도는 빨랫돌로 사용했다는 이야기가 전해질 정도이다. 할망이 얼마나 거인이었는지 보여주는 이야기들이다. 거인이다 보니 힘 또한 장사였다. 할망이 오줌을 누는데 오줌 줄기가 얼마나 셌던지 성산포에서 우도가 떨어져나갔다고 하니 말이다.

나는 이 섬에 들어 처음으로 설문대할망을 만났다. 이 섬에는 설문대할망과 같은 거녀 전설들이 여럿 있다. 내가 처음 만난 설문대할망은 섬이라는 고립된 공간에서 살아가며 수많은 핍박과 고통을 당했던 섬사람들의 꿈을 이어주고, 희망이 되어주는 존재였다. 섬이라는 고립된 공간에서 벗어나 육지로 나아가고 싶은 사람들의 꿈이 명확하게 드러나 있는 이야기가 있다. 섬사람들이 설문대할망에게 육지로 이어지는 다리를 놓아달라고 부탁했다는 이야기이다. 할망은 사람들에게 조건을 내걸었다고 한다. 치마가 헤지고 구멍이 숭숭 뚫렸으니 무명치마를 만들어달라고 말이다. 그러면 다리를 놓아주겠다고 하였다. 사람들은 섬에 있는 무명을 다 모았지만 99동밖에 되지 않았다. 거인이었던 할망의 치마를 만들려면 무명 100동이 필요했기 때문에 사람들은 치마를 완성하지 못했다. 그들의 소원은 이뤄지지 못했다. 그리고 알 수 없는 세월이 흐르고 흐른 어느 날 설문대할망은 바닥이 없는 물장오리습지에 빠져 죽었다. 이 이야기는 이렇게 끝난다.

　나는 이 이야기가 섬을 벗어나고 싶었던 사람들의 염원이 담겨 있는 것이라고 생각했다. 한숨과 눈물어린 삶에서 벗어나기를 원하는 간절한 희망을 담고 있는 이야기라고 생각했다. 섬이라는 제한된 공간에서 겪어야 했던 섬사람들의 고통이 이 이야기 속에 담겨 있다고 생각했다. 그들의 바람과 달리 고통스러울 뿐이었던 현실을 잊기 위해 이상향인 이어도 이야기를 만들어낼 필요가 있었을 것이라고 생각했다. 하지만 섬에 대한 나의 이러한 생각에 대해 나는 점점 관심이 없어졌다. 고통스럽기만 한 이야기일 뿐이었다. 재미없었다. 섬사람들의 삶은 여전히 달라지지 않았고, 섬은 여전히 희망이 사라진, 고통과 눈물어린 땅일 뿐이었다. 나는 희망이 사라진 이 이야기에 더이상 관심을 갖지 않게 되었다.

그러던 중 새롭게 설문대할망을 만나볼 기회가 생겼다. 제주도굿을 직접 사사하고 공부하는 연구자 한진오 선생이 진행하는 프로그램에 우연히 참여하게 되었을 때의 일이다. 설문대할망의 공깃돌이라고 알려진 돌들을 살펴보느라 애월의 여기저기를 돌아보았다. 프로그램 끝나갈 무렵에 한 선생은 그날 프로그램을 정리하며 이런저런 이야기를 해주었다. 그중에 이런 말이 있었다.

"… 설문대할망이 물장오리습지에 빠져 죽었다고 하는데, 저는 그렇게 생각하지 않습니다. 그냥 죽은 것이 아니라 죽어 섬이 된 것입니다. 이 섬으로 육화되어 섬의 지킴이로 살아가고 있는 것입니다. …"[**]

질문을 했다.

"그것은 제주도 학계에서 정리된 일반적인 입장인가요? 아니면, 선생님 개인의 입장이신가요?"

"제 개인의 입장입니다. 저만 이렇게 주장하고 있는 중입니다."

그런 이야기를 주고받으며 가볍게 웃었던 기억이 남아 있다. 이 이야기는 내게 새로웠다. 할망은 물장오리습지에 빠져 죽었지만, 실은 죽은 것이 아니라 예수가 육화되듯이 섬으로 육화된 것이다. 섬이 되고, 섬의 정신이 되어

[**] 한진오 선생의 이런 주장은 그의 책 『모든 것의 처음, 신화』(한그루 지음, 2019) 109쪽에 잘 정리되어 있다. 이 책에서 그는 할망은 죽은 것이 아니라 '스스로 변신의 길'을 택했다고 말한다. 물장오리습지에 빠져 죽은 것이 아니라 한라산과 섬으로 변신해서 이 섬을 지키고 있다는 것이다.

이 섬과 섬에 몸 기대어 사는 사람들을 지키고 있는 것이다.

　'그래, 설문대할망이 물장오리습지에 빠져 죽은 것으로 끝나면 의미가 없지. 재미가 없어.'

　죽음으로 끝났던 할망은, 육화됨으로써 다시 희망이 되었다. 하지만 이 이야기도 뭔가 마음에 들지 않았다. 부족했다. 산이 되고, 섬이 되어 이 섬을 지키고 사람들을 지키고 있다지만 사람들이 느낄 수 없다면 책 속에서만, 주장 속에서만 살아 있을 뿐 죽은 것이나 다름없지 않은가, 하는 생각이 들었다.

　'설문대할망은 살아 있어야 한다. 살아 있지 않으면 의미가 없다. 사람들이 느끼고 만날 수 있어야 한다. 그래야 이 섬이 육지의 일부가 아니라 본래의 모습 그대로 지켜지고 유지될 수 있을 것이다. 상당히 많이 잃어버린 제주다움의 가치, 모습을 되찾을 수 있을 것이다.'

　이런 생각을 하게 되었다. 설문대할망이 빠져 죽었다는 물장오리습지 이야기를 다시 찾아보았다.

　… '창(밑)터진 물'이라고 불리며 설문대할망이 빠져 죽었다는 전설의 물이다. …***

*** 　『오름나그네』 3, 김종철 지음, 높은오름, 59~63쪽.

그래, 밑터진 물이라고 했지. 바닥을 알 수 없는, 끝이 없는 습지라는 말이다. 그 물에 빠져 들어가 나오지 않았다는 것이다. 전설은 할망이 물장오리습지에 빠져 죽었다고 전하지만 나는 빠져 죽은 것이 아니라 거추장스럽기만 한 무거운 육신을 벗어버린 것이라고 생각한다. 할망은 물장오리습지에 들어가 한라산의 깊고 깊은 곳까지 물길을 따라 흐르며 섬 구석구석, 마을마다 눈길 닿는 곳마다 흘러들어 둘러보며 살피고 있다고 생각한다. 아니, 생각하는 게 아니라 그렇게 믿는다. 우주의 중심을 찾아 이 섬의 세계를 창조한 창조주 설문대할망은 한라산의 깊고 깊은 곳으로 흐르는 물길을 따라 흐르다가 용천수가 솟구치는 마을의 물통으로 몸을 드러내어 마을을 살피고 살아가는 이들을 돌보고 있다. 죽은 것이 아니다. 용천수는 '산물'이다. '산에서 나오는 물'이 아니라 '살아 샘솟는 물', 즉 '살아 있는 물'이다. 설문대할망의 물이다. 치유와 회복에 사용되는 물이고, 식수로 사용되던 물이다.

제주시가 상수도 사업을 본격적으로 시작한 1953년 이전까지는 이 물통의 산물이 식수와 생활용수로 사용되었다. 하지만 상수도 사업이 본격화되고, 그 이후 각종 개발 사업이 진행되면서 유실 내지는 훼손되어 그 흔적을 찾을 길 없는 물통들도 많아지고 있다. 용천수가 솟구치는 물통은 설문대할망이 다니는 길이다. 그 길들이 하나둘 막히거나 사라지고 있는 것이다. 물통의 보존이 중요한 또다른 이유이다. 할망이 다니는 길이 막히면 할망은 다시는 마을을 살피고 사람들의 사는 모습을 지켜보지 못할 것이다. 사람들도 할망의 모습을 다시는 볼 수 없을 것이며, 그 애정어린 시선을 결코 느끼지 못하게 될 것이다. 그렇게 된다면, 이 섬은 어찌될 것인가. 이 섬을 창조한 할망이 사라진 이 섬의 운명은 어떻게 될까. 제주다움을 지켜낼 수 있을까. 할망이 살 수 없게 된 땅에서 사람들은 살아갈 수 있을까. 신들이 죽어나가면 사람들도 죽어나가게 될 것이다.

나는 설문대할망이 살아 있다고 믿는다. 그렇게 믿고 이 섬에서 살아간다. 그렇게 생각하며 오름을 걷는다. 이 글들을 쓴다. 이 책은 오름을 걸으며 만난 것들에 대한 나의 소회일 뿐이다. 나는 제주 사람이 아니라 이 섬에 든 지 9년이 되어가는 육지 것으로 이 섬을 만나고, 설문대할망을 만나고, 오름을 만나고, 오름이 품고 있는 길을 만나고, 그 길을 걷는 이들을 만나는 것뿐이다. 그러니 이 책은 이 섬에 대한 나의 행복한 고백이라고 하는 것이 가장 적합할 듯하다.

내게 있어 오름은 언제나 신과 사람, 사람과 사람, 사람과 자연을 이어주는 '사이의 존재'였다. 여기와 너머를 구분함과 동시에 이어주는 '경계의 자리'였다. 신들의 땅이었으나 살아가는 이들에게 내어준 사람들의 땅이었다. 하여, 신과 사람이 함께 살아가는 공간이었다. 하늘과 땅, 사람과 나무, 풀과 바람이 하나로 어우러져 살아가는 생명의 자리였다. 희망이었다.

뜻과 생각에 쫓기고, 살아가는 일에 내몰려 신도, 사람도, 자연도 잃어버린 채 살아온 나의 삶이 품게 된 희망이었다. 그런 바람으로, 그런 간절함으로 오름을 찾고 오르고 걷고 다시 세상으로 내려서는 여정을 반복하고 있는지도 모르겠다. 언제까지 함께 이 길을 걷게 될지는 모르겠지만 이 길 걷는 동안 사는 일에 쫓겨 잃어버린 우리 본래의 모습과 아주 오래전부터 희망했던 삶의 모습을 회복할 수 있기 바라는 마음이다.

아부오름

바람과
눈물의 땅

육십 년 가까이 살아온 육지를 버리고 섬에 들어온 지 벌써 8년이 지났다. 아홉 번째 봄을 맞이하고 있다. 2014년 2월 7일, 중문에 방 한 칸 얻어 살기 시작했다. 당시에 바로 주소 이전을 하였으니 제주 도민이 된 지 9년째이다. 그해 4월 말에는 섬의 동쪽으로 삶의 근거지를 옮겼다. 동쪽은 바람 타는 섬 제주에서도 가장 바람이 많은 곳이다. 눈 닿는 곳마다 거대한 풍력 발전기들을 볼 수 있다. 어린 시절부터 바람을 유난히 좋아하였던 내게 바람 많은 섬 제주는 설렘의 땅이었다. 그저 관광객으로 이 섬을 지날 때에는 바람 많은 곳을 찾아다녔다. 바람을 맞을 때면 말할 수 없는 쾌감에 젖거나 황홀경에 빠지곤 했다. 내 몸 속 어딘가에 떠나고 싶으나 떠나지 못하는 바

람이 머물고 있기 때문이라고 생각했다. 이 섬에서 살아야겠다고 생각한 여러 가지 이유들 중 하나가 바람이었다. 하지만 섬에 정착한 지 2년도 채 못되어 바람에 대한 생각이 조금씩 달라지기 시작했다. 바람을 맞을 때마다 설렘으로 들뜨고 황홀경에 빠져드는 것은 여전하였으나 몸은 조금씩 바람에 삭아 허물어지는 것 같았다. 무에 바람 들듯 몸에 바람이 드는 것 같았다. 몸 안에 바람 길이 생긴 듯 바람 불어오면 몸속에서 '휘잉~' 바람 지나는 소리가 들려왔다. 추운 겨울 날 강한 바람이 여러 날 불어오기라도 하면 뼛속에서도 바람 지나는 소리가 들리는 듯했다. 제주의 바람이 이렇구나. 이렇게 무섭구나. 기온은 영상인데도 영하 10도, 영하 15도인 육지보다 체감

온도는 낮은 듯했다. 육지보다 이 섬이 훨씬 추웠다. 그런 날이면 어김없이 몸 안에서 바람소리가 들려왔다. 그 바람소리가 거세질수록 수십 년, 수백 년 이 섬에서 살아온 사람들의 삶을 조금씩 아주 조금씩 알아가고 있는 것 같았다. 그들을 닮아가고 있는 것 같았다.

'바람 많은 이 섬에서의 삶이 얼마나 고달팠을까.'

어린 시절 듣던 노래 중 황금심 씨가 부른 〈삼다도 소식〉이라는 노래가 있다.

삼다도라 제주에는 아가씨도 많은데
바다 물에 씻은 살결 옥같이 귀엽구나
미역을 따오리까 소라를 딸까
비바리 하소연이 물결 속에 꺼져가네
음~~~~~~~ 물결에 꺼져가네

삼다도라 제주에는 돌멩이도 많은데
발부리에 걸어채는 사람은 없다더냐
달빛이 새여 드는 연자방앗간
밤 새워 들려오는 콧노래가 서럽구나
음~~~~~~~ 콧노래 서럽구나

이 노래는 어린 내게뿐 아니라 많은 사람들에게 제주가 낭만적인 섬이
라는 환상을 심어주었다. 그러나 듣기 좋아 삼다도지 돌 많고 바람 많고 여
자 많은 삼다도란 얼마나 처참한 삶을 드러내주는 말인가. 이 섬에는 수많
은 죽음들이 있어왔다. 멀게는 고려 말 목호의 난을 진압한다는 명목으로
죽어나가기 시작했고, 조선이 세워진 후에도 온갖 부역과 민란에 엮여 죽어
나갔다. 일제 36년 겨우겨우 살아남은 남정네들은 4.3사건으로 다시 또 떼
죽음을 당하여 섬에는 여자들만 남게 되었다. 아비가 죽은 집도 있고, 남편
이 죽은 집도 있고, 아들이 죽은 집도 있고, 두루두루 굴비 엮이듯 모두 죽

은 집에 남은 아낙네들은 살아남기 위해 밭을 일구려 했으나 돌이 많아 농사를 짓기 힘들었다. 물고기를 잡으려 해도 바람이 심해 배를 타는 것도 쉽지 않았다. 그러니 그 바람 속에 얼마나 많은 눈물이 섞여 있을 것인가. 제주의 바람에는 그 눈물과 고단함과 탄식이 서려 있다. 그래서 이 섬의 바람은 가슴을 시리게 한다. 시린 바람이다. 이 섬의 바람은 가슴을 지난다. 뼈에서 바람 지나는 소리가 들려온다.

아부오름으로 들어갔다. 오후 내 잔잔하던 바람이 저녁이 가까워지며 세차게 불어왔다. 조금씩 흩뿌리던 눈발이 바람에 휘날린다. 구름 사이로 간간이 햇살이 비치는 것을 보니 눈이 많이 내릴 것 같지는 않았다. 바람 따라 아부오름에 드니 홀로 선 폭낭*이 눈에 들어온다. 아부오름에 들 때마다 마음 나눠주던 나무이다. 폭낭은 제주의 바람을 품고 있는 나무이다. 나뭇가지들마다 바람 지나고 머물렀던 흔적들이 그대로 남아 있다. 그래서 폭낭은 제주의 삶이 된 나무이기도 하다. 굴절 많았던 섬사람들의 삶이 비틀리고 뒤틀린 가지마다 그대로 투영되어 있다. 그래서 제주 사람들은 폭낭을 사랑했고 함께 살아갔다. 폭낭은 섬의 정자나무이다. 육지의 정자나무는 대부분 느티나무이지만 제주의 정자나무는 폭낭이다. 어떤 이들은 그 이유를 느티나무는 최상의 목재여서 쓰임새가 많았던 반면 폭낭은 쓰임새가 적어

---

* 팽나무이다. 팽나무에 열리는 열매를 '폭'이라고 한다. '낭'은 나무의 제주 말이다.

살아남게 된 것이라고 한다. 하지만 폭낭이 제주 사람들의 사랑을 받게 된 것은 그런 이유만은 아닐 것이다. 아부오름의 폭낭은 언제 봐도 슬픔을 머금은 듯 아득하고 아름다웠다. 구름 사이로 드러난 햇살이 쏟아져 내렸다. 장동건과 고소영이 주연을 한 〈연풍연가〉라는 영화의 엔딩 장면을 이 나무 아래에서 찍었다고 한다. 그런 이유 때문인지 바람 세차고 눈 흩뿌리고 있건만 하얀 원피스를 차려 입은 아가씨가 친구들의 도움을 받아가며 나무 아래서 사진을 찍고 있다. 나는 영화를 보지 않아 잘 모르겠지만, 그 영화를 보신 분들은, 그 배우들을 좋아하시는 분들은 이 나무 아래 잠시 머물러 보시는 것도 좋은 추억이 될 듯하다.

아부오름은 제주시 구좌읍 송당리 산 164-1번지에 있다. 송당마을의 남쪽 2킬로미터 지점이다. 찾아가기 쉽다. 아부오름을 내비게이션에 입력만 하면 된다. 아부오름은 건영목장 안에 자리하고 있다. 시골의 둔덕처럼 오르기 쉽다. 그래서 친근하게 느껴질 정도이다. 표고는 301.4미터이다. 하지만 실제 걸어 올라가야 하는 거리인 비고는 대략 50미터 정도이다. 경사도 완만하다. 둔덕을 오르는 느낌으로 천천히 걷다 보면 이내 정상에 도착한다. 하지만 마루금에 올라서면 올라올 때와는 완전히 다른 풍경에 놀라게 된다. 높이 50미터 정도의 둔덕과 같은 오름이 품고 있는 풍경이라고는 도저히 믿기 어려운 놀라운 광경이 펼쳐지기 때문이다. 깊고 넓은 분화구만 보면 수백 미터가 넘는 가파른 오름을 올라온 것만 같다. 한마디로 말하면

아부오름은 분화구이다. 분화구 자체가 오름이다. 분화구의 바깥둘레는 약 1400미터이고, 바닥둘레는 500미터이다. 분화구 바닥에는 마치 성소를 감싸는 듯 삼나무들이 원을 그리며 늘어서 있다. 그 모습이 경이롭다.

아부오름을 처음 찾았을 때는 여름이었다. 부슬비 내리고 있었다. 오름

은 안개로 덮여 있었다. 분화구 안에도 안개 가득했다. 바람 지나며 안개가
걷히기 시작했다. 안개 사이로 원을 그리며 둘러선 커다란 삼나무들이 보
이기 시작했을 때 소리 죽여 낮고 짧게 탄성을 지르는 것 외에는 아무 말도,
아무것도 할 수 없었다. 성스럽고 신비로운 장소에 서 있는 듯했다. 다른 차
원의 세계와 현세를 이어주는 차원의 문이 거기 있기라도 하다는 듯, 아무

도 들어와서는 안 된다는 듯 삼나무들은 빙 둘러서 있었다.

분화구의 깊이는 78미터이다. 오름의 높이가 50미터이니 오름보다 분화구가 더 깊다. 오름이 있는 지면보다 28미터 더 깊다. 이 땅의 비밀에 조금이라도 다가서겠다는 듯 몸을 한껏 들이민 듯하다. 그러고 보면 아부오름은 하늘을 향해 열려 있는 것이 아니라 땅을 향해 있다고 해야 할 것이다. 설문대할망이 한라산의 봉우리 끝부분을 손으로 툭 쳐내 산방산을 만들었다더니, 아부오름은 봉우리를 손으로 친 것이 아니라 발로 밟은 것이 아닌가 싶다. 지면보다 28미터나 더 깊이 분화구가 내려앉았으니 말이다.

아부오름의 본디 이름은 앞오름인 듯하다.** 제주어에서 '앞'은 전방을 의미하는 것이 아니라 '남쪽'을 의미하고, '뒤'는 '북쪽'을 의미한다. 앞오름은 송당의 남쪽에 있다. 그러니 앞오름은 송당의 남쪽, 본향당이 있는 당오름의 남쪽에 있는 오름이라는 의미이다. 그 이름 속에 오름의 위치를 나타내고 있는 것이다.*** 하지만 문헌의 기록으로 볼 때 '앞오름'이 맞는다 하더라도 이

** 이익태의 『지영록』(1696)에는 '狎岳(압오름)', 『탐라지도』(1709)와 『제주삼읍도총지도』(18세기 중반), 『제주삼읍전도』(1872) 등에는 '前岳(앞오름)'으로 되어 있다. 『제주도 오롬 이름의 종합적 연구』(오창명 지음, 제주대학교 출판부)에서 재인용.

*** 위의 책에서 오창명 선생은 '아부오름'의 이름을 '앞오름'으로 바꿔야 한다고 주장하고 있다.

땅에서 살아온 사람들이 이 오름을 '아부오름'이라고 불렀고, 그 이름을 저마다 받아들여 오늘까지 부르고 있는 것은 그럴 만한 다른 이유가 있을 것이다. 전해지는 이야기에 의하면 오름의 앉은 모양새가 아버지가 좌정한 것처럼 듬직하다고 해서 붙여졌다. 아부오름의 '아부'는 '아버지' 혹은 '아버지 다음가는 사람'이라는 뜻이다. 앞오름이 아부오름이 된 것은 아버지도 잃고, 남편도 잃고, 아들도 잃어왔던 여인들의 바람 때문이 아니었을까. 아부오름이라는 이름에는 아버지와 남편과 아들을 그리워하는 여인들의 바람이 깃들어 있는 것이리라.

바람 많은 이 섬에 홀로 남겨진 여인들의 아픔과 한과 숨결들이 차곡차곡 쌓이고 쌓여 그저 둔덕 같은 이 오름의 이름이 '아부'가 된 것은 아닐까. 그렇게 생각하니 '아부'라는 이름 안에 담겨 있는 의미가 느껴져 가슴이 아려온다. 눈물 어린다. 어느 곳을 둘러보아도 아픔 없는 곳이 없고, 피눈물이 서려 있지 않은 곳이 없는 땅이다. 그런 아픔과 눈물들이 이 땅 구석구석에 그대로 배어 있다. 그래서 제주는 더더욱 아름다운 땅이 되었는지도 모르겠다. 그 한숨은 바람 되어 사방으로 흐르고, 그 눈물은 바다로 흘러들어 옥빛도 영롱한 에메랄드 빛도 진한 코발트블루라고도 할 수 없는 신비로운 바다를 이루게 된 것일 테니 말이다. 어쩌면 이 섬의 숲들이 그리 깊고, 나무들이 무성한 것도 이런저런 역사의 변곡점마다 쓰러져간 이들의 몸이 화한 것인지도 모르겠다.

　세찬 바람에 모자가 벗겨질 듯했다. 옷깃을 단단히 여미고 분화구 둘레를 걸었다. 첩첩이 늘어선 오름들이 마치 아부오름을 둘러싸고 있는 듯했다. 마치 늙은 아버지를 호위하고 있는 장성한 아들딸들 같았다. 높은오름도 보이고, 백약이오름도 보이고, 민오름도 보인다. 멀리 한라산도 보인다.

옷깃 여미며 바람에 쫓겨 내려오는 등 뒤로 해 기울고 있었다.

노을 드리우며 저녁 오고 있었다.

다랑쉬오름

다랑쉬, 아끈다랑쉬

영혼의
길에 들다

하늘 맑고 햇살 부드러웠다. 아끈다랑쉬로 향했다. 온통 억새였다. 오름으로 들어가는 초입의 억새들은 베어져 있었다. 한 해를 살아낸 억새들은 베어지지만 봄이 되면 다시 싱그러운 빛으로 자라나 물결친다. 새로운 삶이다. 부활이다. 대지의 은총이다. 야트막한 둔덕 사이로 난 오르막길로 들어섰다. 숨 몇 번 뱉어내며 몇 걸음 걸으니 어느새 정상이었다. 억새들 물결치고 있었다. 햇살과 바람과 시간에 쓸려 빛바랜 억새들은 햇살을 받아 오히려 금빛으로 빛나고 있었고 바람은 해무를 품은 듯 습하고 두터웠다. 바람의 장막이 두텁게 드리운 듯했다. 부드럽게 물결치는 억새와 바람 사이로 길이 나 있었다. 홀로 지날 만하고 홀로 지나야만 할 것 같은 길이지만 도탑게

걸을 수 있는 길이다. 걷는 듯 머무는 듯 길을 따라 흘러들었다.

    아끈다랑쉬오름은 제주시 구좌읍 세화리에 있다. 표고 198미터이지만 비고는 58미터에 불과하여 조금 과장하자면 숨 한번 고르는 사이에 오를 수 있다. 낮고 작은 오름이지만 그 경치는 빼어나고 정취는 깊고 유려하기 그지없다. 작고 낮은 오름에 무슨 깊고 유려한 경치와 정취가 있겠냐고 생각하는 이들도 있겠지만 아끈다랑쉬오름에 올라 억새와 바람 사이로 난 길을 흘러들 듯 걷다 보면 절로 느끼게 된다. 나는 아끈다랑쉬의 억새밭이 제주의

알려진 아름다운 억새길들 중 가장 아름답고 유려하다고 생각한다. 이 길을 걸을 때마다 매번 영혼의 위로를 받는다. 그래서 나는 이 길을 빛나는 영혼의 길이라고 홀로 이름 지어 부르고 있다. 물론 나 혼자만 부르는 나만의 이름이다.

나는 장엄한 억새 군락을 보고 싶을 때면 산굼부리를 찾고, 바람 함께 노니는 억새들의 물결에 젖어들고 싶을 때는 따라비오름을 찾지만, 영혼의 위로가 필요할 때는 아끈다랑쉬오름을 찾는다. 사람의 손길을 많이 타는 산굼부리의 억새밭은 그 규모로 인해 때로 장엄한 아름다움이 있어 절로

탄성을 발하게 하지만 자연스러움이 부족하다. 하지만 따라비오름은 다르다. 억새들은 세 곳의 굼부리*와 능선에 홀로 자라나 바람 따라 제멋대로 흔들리며 무리를 이룬다. 산굼부리의 억새들처럼 함께 자라나 함께 살아가는 것이 아니라 홀로 자라나 함께 살아가는 것이다. 같은 바람이 불어도 저마다 출렁이는 모습이 다르니 다른 바람이 여러 방향에서 불어오면 억새들은 저마다의 몸짓으로 춤을 춘다. 그 모습이 물결이 되고 파도가 되어 출렁이기 시작하면 오름 전체가 춤을 추는 듯하다. 형용키 어려운 자연스러운 아름다움이다. 아끈다랑쉬오름의 억새길에는 따라비와 같은 황홀한 아름다움은 없다. 하지만 고요함과 평온함이 있다. 부드럽고 유려한 아름다움이 있다. 홀로 들어온 이들을 자신의 아름다움으로 결코 홀리지 않는다. 마음을 빼앗지 않는다. 그저 바라보고 지켜볼 뿐이다. 다가서면 살갑게 안아줄 뿐이다. 따스함이 있다. 영혼의 위로가 있다. 그래서 나는 바람과 억새가 만든

* 분화구를 뜻하는 제주 말.

아끈다랑쉬오름의 600미터밖에 안 되는 둘레길을 영혼의 길이라 부른다.

　아끈다랑쉬오름은 다랑쉬오름 곁에 붙어 있다. '아끈'은 '작다', '버금', '둘째' 정도의 의미를 지니고 있는 제주 방언이다. 쉽게 말하면 '새끼다랑쉬오름'이라는 뜻이다. 새끼다랑쉬라고 이름 붙여진 이유를 다랑쉬오름에 올라 보면 절로 이해할 수 있다. 표고가 382.4미터이고 비고가 200미터나 되는 다랑쉬오름에 올라 내려다보면 동쪽에 아주 작은 오름 하나가 어미를 잃을세라 행여 안달하는 어린아이처럼 바짝 달라붙어 있는 것을 볼 수 있다. 아끈다랑쉬오름이다. 다랑쉬에서 바라보면 굼부리가 보인다. 그 모습이 도너츠처럼 생겨서 나는 도너츠오름이라고도 부른다. 억새와 바람이 만든 길도 보인다. 다랑쉬와 아끈다랑쉬를 보면 부자나 모녀의 모습을 보는 것 같다. 이 땅이 품고 있는 말 못 할 슬픔과 아픔으로 인해 그 모습이 때로 한없이 애잔하다. 그래서 나는 다랑쉬에서 아끈다랑쉬를 잘 보지 않는다. 다랑쉬를 오르는 가파른 길에서도 뒤를 잘 돌아보지 않는다. 아끈다랑쉬가 눈에 선연히 들어오기 때문이다.

　해방을 맞은 이 나라에서 상처받은 땅이 한두 군데가 아니겠지만 제주는 특히 깊은 상처를 입었다. 아직 아물어지지도 않은 것만 보아도 그 상처가 얼마나 깊은지 알 수 있다. 4.3항쟁 당시 제주 전역이 상처를 입었지만 그중에서도 다랑쉬 마을은 더욱 깊은 상처를 입었다. 마을이 사라졌기 때문이다. 잃어버린 마을이 되었다. 당시 오름 아래에는 마을이 있었다. 농사를 짓고 목축을 하며 20여 가구 오십여 명의 사람들이 오순도순 살았다. 무장대를 토벌하겠다고 들어온 군경토벌대는 무장대의 거점을 없앤다는 이유로 중산간 마을의 주민을 소거하고 마을을 불태웠다. 그때 태어난 고향을 떠날 수 없어 마을에서 좀 떨어진 천연동굴로 피신하여 생활을 하고 있던 사람들이 있었다. 이 굴이 나중에 토벌대에게 발견되었다. 토벌대는 굴에서 나오라는 명령을 내렸으나 주민들이 나오지 않자 굴 양쪽 입구에 불을 지폈다. 연기는 굴 안으로 스며들었다. 하지만 피난민들은 한 명도 나오지 않았다. 그들은 모두 질식해 죽었다. 토벌대들이 얼마나 무서웠으면 굴에서 나가느니 차라리 질식해 죽는 것을 택했을까. 그들의 주검은 그대로 묻히고 잊혔다. 그리고 그들이 죽은 뒤 44년이 지난 1992년에서야 비로소 그들의 주검이 알려졌다.

굴이 발견되었다. 당시 굴에서 11구의 시신이 발견되었다. 아홉 살 어린이부터 쉰한 살 아주머니에 이르기까지 모두 민간인들이었다. 굴에서는 그들이 생활하며 사용했던 질그릇, 놋그릇, 놋수저, 무쇠솥, 항아리 등이 함께 발견되었다. 한 항아리에는 된장으로 보이는 것이 그대로 담겨 있었다고 한다. 그들의 주검은 발견된 후에도 제대로 대접받지 못하였다. 시신은 발굴 직후 당국에 의해 성급히 화장되어 바다에 뿌려졌다. 현재 다랑쉬굴은 폐쇄되어 들어가볼 수 없으나 입구까지는 갈 수 있다. 다랑쉬오름에서 차로

가면 몇 분 거리이고 걸어도 20~30분 정도면 충분하다. 다랑쉬오름 입구에 있는 방문자센터에서 물어보면 친절히 알려준다. 다랑쉬굴 내부의 모습은 4.3평화센터 내에 있는 평화박물관에 재현해놓았으니 보고 싶은 분들은 방문해보기 바란다.

산봉우리의 분화구가 달처럼 둥글게 보인다고 하여 달랑쉬, 다랑쉬라는 이름을 얻게 되었다고 하고, 옛 고구려의 '달수리'에서 변형된 것으로 '높은 봉우리'라는 뜻을 지니고 있다고도 하는 다랑쉬오름(382.4미터)은 이 지역에서는 높은오름(405.5미터) 다음으로 가장 높고 크다. 다랑쉬오름 아래에 둘레길도 조성되어 있다. 다랑쉬오름을 찾는 이들은 시간만 허락된다면 이 둘레길도 걸어보기 바란다. 제주의 아름다운 정경들을 살갑게 느낄 수 있는 아름다운 길이다. 다랑쉬오름을 찾는 이들은 아끈다랑쉬오름, 다랑쉬오름 그리고 둘레길을 걸은 후 다랑쉬굴을 살펴보면 좋을 듯하다.

    다랑쉬오름에 오르자 해무가 밀려온 듯 사위는 온통 안개로 뒤덮였다.
노을을 만나러 왔건만 지는 해는 저 멀리서 홍조를 살포시 띠고만 있을 뿐
하늘은 구름 두텁고 안개 무겁다. 눈앞에 놓인 길은 하늘가까지 뻗어 있어
저 멀리서 손짓한다.

    이 길은 어디까지 이어져 있을까.
다랑쉬마을의 묻힌 진실들에 닿아 있을까.

    조금씩 불어오던 바람이 저녁이 가까워지며 점점 세차게 불어온다. 바
람에 몸이 흔들릴 듯하다. 아끈다랑쉬를 바라본다. 세찬 바람에 아끈다랑
쉬의 억새들이 물결을 이루며 출렁이고 일렁인다. 그 모습이 깊은 숲속에 자
리한 호수 면에 이는 달빛 같고 별빛 같다. 일렁이는 잔물결 같다. 바람에 출

렁이며 춤을 추는 듯하다. 이리 몰리고 저리 몰릴 때마다 억새들 사이로 길이 열리고 닫히는 듯하다. 그 길들 따라 어스름 깃든다. 억새들이 아니라 길들이 춤을 추는 듯하다. 길들 따라 들어온 어스름이 너울너울 춤을 추는 듯하다. 섬에 부는 바람들은 설문대할망의 흔적이다. 거인인 할망이 지날 때마다 바람이 인다. 무겁기만 한 몸을 벗어버려 눈으로 볼 수는 없지만 지금 이곳에 나와 함께 머물고 있다는 것을 느낄 수 있다. 몇 걸음 앞서 지나가고 있다는 것을 알 수 있다. 설문대할망의 바람이다. 바람 사이로 할망의 체취가 전해져온다. 마음이 뜨거워진다.

포근하게 느껴지는 아끈다랑쉬 너머 은월봉과 두산봉이 보인다.
두텁게 드리우기 시작한 저녁 어스름 사이로 성산일출봉이 아련하다.

용눈이오름

너머의 삶을
그리워하다

잠시 잔잔한 듯했던 바람이 순식간에 쏟아지기 시작했다. 불어오는 것이 아니라 쏟아져 내렸다. 바람에 떠밀려 몸 휘청이며 오름의 바깥쪽 경사면으로 밀려났다. 움츠린 몸을 굼부리 쪽으로 최대한 기울인 후에야 겨우 걸음을 뗄 수 있었다. 버프도 착용하고 모자도 쓰고 방풍 재킷도 입고 있었지만 스며드는 바람을 온전히 막지 못해 체온이 떨어졌다. 장갑 낀 손이 시리고 몸은 떨리기 시작했다. 기온은 영상인데도 바다로부터 들어온 바람은 몸을 얼렸다. 제주는 바람 타는 섬이다. 이 섬에 바람이 많은 것은 바다와 한라산을 중심으로 한 육지의 기온 차 때문이다. 밤에는 육지에서 바다로 육풍陸風이 불지만, 낮에는 바다에서 육지로 해풍海風이 불어온다. 드넓은 바다

에서 생성되어 불어오는 강한 바람은 한라산을 만나며 더욱 변화무쌍해지
며 강해진다. 그 바람이 용눈이오름에 몰아치고 있었다. 그나마 숲을 품고
있는 오름들은 숲이 바람을 막아주지만 용눈이오름처럼 숲이 없는 오름들
은 온몸으로 바람을 마주해야 한다. 오름의 부드러운 경사면을 타고 빠르게
흐르던 바람들은 굼부리로 들어갔다 나오며 더욱 강해진다. 바람이 불어오
는 것이 아니라 쏟아져 내리는 듯하다.

　북동쪽에 있는 가장 높은 봉우리를 중심으로 세 봉우리가 하나의 오름을 이루는 용눈이는 여러 개의 분화구로 이루어져 있는 오름이다. 세 개의 봉우리가 흘러내리며 만들어내는 능선은 때로 겹쳐지고 때로 비켜가며 자유로우면서도 조화로운 아름다움을 만들어낸다. 제주의 아름다움을 널리 알린 사진작가 김영갑은 이 오름이 만들어내는 곡선미를 여인의 몸매에 비교했다. 김영갑에게 흘러내리는 용눈이오름의 능선은 아름다움이었다. 그는 이 아름다움을 통해 이 섬의 평화를 꿈꾸었다. 고통과 눈물 가득했던 이 섬에 대대로 몸 기대어 살아가던 사람들이 꿈꾸던 이상세계인 이어도를 보았다. 하여, 그는 자신의 작업들이 이 섬사람들에게 평화가 되기를 바랐다. 하지만 이어도를 현실에서 만나지 못한 이 섬의 사람들에게는 비현실적이었다. 김영갑이 담아낸 현실은 아름다웠고 평화로웠지만, 삶은 아름답고 평화롭지 못했다. 삶이 아름답고 평화롭지 못했기 때문에 김영갑은 아름다움과 평화 깃든 이어도를 보여주고자 했다. 하지만 김영갑과 달리 화가 변시지는 오름에서 태어나 오름에 몸 기대어 살아온 이들의 삶을 있는 그대로 그렸다. 아름답고 평화롭지 않은 삶을 그대로 드러냈다. 폭풍우로 상징되는 시대의 폭압과 삶의 무게에 눌리고 지쳐 구부정해진 몸을 지닌 사람들의 모습이었다. 그림 속의 현실은 절망이다. 유토피아를 보여주지 않는다. 이어도를 말하지 않는다. 현실을 그대로 담아내고 있을 뿐이다. 그는 수평선처럼 느껴지는 선을 하나씩 그림에 그려 넣었을 뿐이다. '너머'의 세상이다. 갈 수는 없지만 그 선 너머에 유토피아가 있다고 말하고 싶었는지 모르겠다. 그 선 너머에 있는 이어도를 그리워했던 것인지도 모르겠다. 그 선 하나로 이어도를 암시했을 뿐이다. 굳이 미학을 거론하고 예술론을 말할 것 없이 이 섬에서 태어나고 자란 이들과 육지에서 들어온 이들의 차이 혹은 다른 점인지도 모르겠다. 그런 차이, 이런 다른 점들이 나를 이 섬에서 살아가게 하고, 걷게 하고, 생각하게 하는지도 모르겠다. 알지 못하는 것들에 대한 호기심에 걷고, 아는 것 너머에 있는 것들에 대한 그리움으로 다시 길을 나서게 되는지도 모르겠다. 용눈이오름을 걸을 때에도 나는 이 오름에서 소를 치며 살아

간 사람들의 삶이 늘 궁금했다. 그들의 삶은 어떠했을까. 왜 그 사람들은 김영갑이 여인의 몸매를 떠올릴 정도로 아름다운 오름을 매일 걸으면서 오름의 이름을 용눈이라고 했을까. 그들의 삶과 관련이 있을 듯하여 이런 것들이 궁금했다.

'용눈이'라는 이름의 유래는 김영갑이 느꼈던 아름다움과는 사뭇 다르다. '용눈이'라는 이름의 유래는 용龍과 관련되어 있다. 하나는 이 오름의 모양이 용들이 놀고 있는 모습과 비슷하다고 하여 '용놀이오름'이라고 불렀다는 것이다. 아마도 세 개의 봉우리가 흘러내리며 겹쳐지고 비켜서 있는 모습이 겹겹하고 첩첩하여 용들이 놀고 있는 모습처럼 보였던 것 같다. 또 다른 하나는 위에서 내려보면 흘러내린 능선들은 휘감고 있는 용의 몸통 같고 파란 잔디가 깔려 있는 분화구는 용의 눈처럼 보여 '용눈이오름'이라 불렀다는 것이다. 두 경우 모두 '용'과 관련된 이름이다. 모습과 이름이 어찌 보면 어울리지 않는다. 오름의 모습은 여인의 부드러움을 닮았는데 '용눈이'라는 이름은 어감은 부드러우나 품고 있는 뜻은 강하고 거칠다. '용'이고 '용의 눈'이니

말이다.

왜 이렇게 어울리지 않는 이름을 갖게 되었을까.

이런저런 생각들이 바람을 따라 들어왔다. 바람이 잦아들고 있었다. 그제야 주위가 눈에 들어왔다. 손지봉과 그 뒤편에 우뚝 솟아 있는 높은오름이 보였다. 제주의 동쪽에서 가장 높은 오름이다. 그 뒤로 멀리 눈 덮인 한라산도 보였다. 몇 걸음 나가니 성산일출봉이 손 뻗으면 닿을 듯했다.

세 개의 봉우리가 만들어낸 능선 길은 흘러내리기도 하고 오르기도 하며 굽이치고 있었다. 걸음 멈추고 돌아서 지나온 길을 보면 흘러내렸던 능선이 다시 차고 오르며 또다른 모습을 보여주고 있었다.

저 길이 지나온 길인가.

마치 지나오지 않은 전혀 다른 길처럼 느껴졌다. 바람 세차 더 그렇게 느껴졌을까. 길인 듯 길 아닌 듯, 안인 듯 밖인 듯 알 수 없었다. 지나온 길을 새로운 길처럼 내내 걸으며 빙빙 돌다가 영영 벗어나지 못할지도 모른다는 생각이 자발없이 들었다. 마치 안과 밖의 구분이 없는, 영원히 벗어날 수 없는 뫼비우스의 띠처럼 느껴졌다. 영원히 벗어날 수 없다는 절망감 같은 것이 이 아름다운 오름에도 그대로 담겨 있는 것이 아닐까. 고통과 눈물이 가득한 현실에서 벗어나고 싶은 바람이 이 이름에 담겨 있는 것이 아닐까. 마음 저려왔다.

　그래서… 그런 절망감 때문에… 이 오름의 이름이 그토록 강한 의미를 담고 있어야 했던 것은 아닐까. 이 이름에 고립된 섬에서 벗어나고 싶은 간절한 염원이 담겨 있었던 것은 아닐까. 그래서 이 아름다운 오름의 이름이 '용의 눈'이어야만 했던 것은 아닐까. 육지까지 이어지는 다리를 설문대할망에게 놓아달라고 부탁하던 섬사람들의 마음이 이런 것이 아니었을까.

　고립된 섬 제주의 삶이 거녀巨女인 설문대할망 전설을 만들어낸 것처럼 말이다. 이러한 절망과 애써 품은 희망들이 이토록 부드러운 아름다움을 품고 있는 오름에 '용의 눈'이라는 강한 이름을 붙여준 것이 아닐까 하는 생각이 들었다.

　바람이 다시 거세지고 있었다. 걸음을 서둘렀다. 오름의 정상부에 올라 내려다보니 분화구가 세 칸으로 나뉘어 있는 모습이 나란히 앉아 있는 것 같았다. 어미가 새끼들을 품고 모여 앉은 것도 같았다.
　사람들도 저렇게 오순도순 살아갈 수만 있다면 얼마나 좋을까.
　눈을 돌리니 다랑쉬오름과 아끈다랑쉬오름이 모녀처럼 형제처럼 나란

히 누워 있었다. 다랑쉬오름과 용눈이오름 사이에 4.3사건 당시 다랑쉬마을
사람들이 떼죽음 당한 다랑쉬굴이 있다.

용눈이오름의 정상부에서 내려서자 바람이 잔잔했다. 걸음 늦추었다.
마른 억새들이 바람에 흔들리고 있었다. 구름 걷히고 햇살 비치자 억새들은
은백색으로 빛났다. 아름다웠다. 억새들 사이로 바람 지나고 바람을 따라

걸어 내려갔다. 오름에서 내려오니 다랑쉬오름이 눈앞에 있는 듯 가까웠다.
길은 다랑쉬오름까지 이어져 있었다.

당오름

신들의
거처

오름이 낸 길을 따라 들어가면 길은 길을 불러 끝임없이 이어지고 그 길은 또다른 오름을 품는다. 길 따라 오름은 더욱 깊어지고 오름 따라 길은 더욱 가까워져 깊고 깊은 오름이라도 이내 품에 안겨온다. 저녁 어스름이라도 내려야 오름은 저 있던 자리로 돌아가 하루의 일과를 마무리하며 긴 숨을 내쉰다. 그런 저녁이 오면 길 따라 걷던 이들도 길에서 벗어나 잠시 마음을 내려놓는다. 어스름 깃들고 어둠 내리면 마음은 몸에서 벗어나고 삶에서 자유로워진다. 세상이 넣어주고 삶이 가르쳐준 길이 아니라 자신만의 길을 걷는다. 몸이 걸으면 마음도 따라오지만 마음이 걸으면 몸은 따라오지 않는다. 몸은 남겨져 저만의 삶을 살아간다.

　이렇게 오름과 오름을 이어가며 걷기 좋은 곳이 제주시 구좌읍이다. 구좌읍에서도 송당리이다. 구좌읍은 오름 세상이라 할 정도로 오름이 많다. 오름은 길을 내고 길은 오름을 품어 오름이 먼저인지 길이 먼저인지 도무지 알 수 없다. 걷다 보면 오름이고 오름에 올랐다 싶으면 다시 길이 이어진다. 그 오름들의 중심에 당오름이 있다. 당오름은 관광객들이 많이 찾는 유명한 오름이 아니다. 표고 274미터, 비고 70미터에 불과한 작은 오름이다. 용눈이오름처럼 초지로 덮여 아름다운 곡선미를 드러내고 있는 것도 아니고, 높은오름처럼 장대함을 드러내고 있는 것도 아니고, 아부오름처럼 친밀함과 신비로움을 아울러 품고 있는 것도 아니다. 그저 삼나무와 소나무 그리고 잡목들이 세월과 어우려져 깊은 숲을 이루었을 뿐이다. 깊은 숲길에 사람 지나는 이들 적어 언제나 울울하고 침침하였다. 저녁 어스름 내릴 즈음 당오름의 숲으로 들어가면 으스스한 느낌을 품게 될 정도였다. 그런데, 두세 해 전쯤이던가. 대대적인 공사를 하면서 분위기가 많이 달라졌다. 당오름 둘레길도, 정상으로 가는 길도 정비하였다. 당오름 정상에도 올라갈 수 있게 되었다. 그전까지는 정상으로 가는 길은 없었다. 길을 아는 마을 사람들만 간간이 오고갈 수 있는 길이었을 뿐이다.

정상으로 가는 길이라는 이정표를 따라 들어가니 삼나무 숲 사이로 길은 이어져 있었다. 깊은 숲이 비켜서며 내어준 길은 호젓하고 안온했다. 아름다운 길이었다. 오름의 정상은 숲에 둘러싸여 있었다. 오름의 능선을 따라 내려오다 보니 나무들 빼곡한 분화구가 안부처럼 자리하고 있었다. 두런두런 수런수런 이야기하고, 나무 구경, 숲 구경 하며 걸었는데도 몇십 분도 채 걸리지 않아 들어온 입구로 나올 수 있었다.

당오름은 둘레길도 1.36킬로미터 정도밖에 되지 않는 작은 오름이다. 하지만 섬 동쪽 지역의 중심이며 본향이라 할 만하다. 신당이 자리하고 있기 때문이다. 당오름이라는 이름은 이름 그대로 '당堂이 있는 오름'이라는 뜻이다. 당은 당오름 북서쪽 소나무 숲에 자리한 본향당을 말한다. 당오름이 있는 마을의 이름이 송당松堂이 된 것도 소나무 숲에 당이 자리하고 있기 때문이다.

돌 많아 농사짓기 힘들고, 바람 많아 고기 잡기 힘든 이곳에서 여성들은 목숨을 걸고 바닷속에 들어가야만 했다. 물질로 먹고 살아가야 하는 고

단한 삶을 견디고, 언제 무슨 일이 생길지도 모르는 불안정한 삶으로 인한 불안함과 두려움을 이겨내기 위해 섬사람들은 신에게 의지했다. 거센 바람을 이기고 무사히 물고기를 잡고 돌아오면 신에게 감사했고, 돌만 나오는 땅에서 곡물을 거두게 될 때에도 신에게 감사했다. 섬사람들은 그렇게 살아오며 만들어진 일만팔천여 신들과 함께 살아왔다. 당오름의 본향당은 제주 동쪽에서 터전을 일구던 사람들이 자신의 생명을 맡기고 내려놓던 신

들이 머무는 곳이다. 신들이 머무는, 신들의 땅이다. 제주 동쪽 신들의 본향
이 바로 당오름 북서쪽 소나무 숲에 자리한 본향당이다.

본향당의 주인은 금백조이다. 당에는 금백조의 신위가 모셔져 있다. 서
울 남산에서 태어나 오곡 종자를 가지고 섬에 들어와 농경의 신이 된 백주
또가 바로 금백조이다. 그녀는 이 섬에 들어와 한라산에서 태어난 소로소

천국과 결혼하였다. 소로소천국은 수렵과 목축을 관장하는 신이다. 금백조와 소로소천국은 제주 동쪽 지방을 주관하던 신들이다. 하지만 그들이 동쪽 지방의 신이 아니라 섬 전체를 다스리고 주관하는 신들이었다는 이야기들이 전해 내려오고 있기도 하다. 그들이 결혼하여 아들 18명, 딸 28명을 낳았고, 그 자손들이 번창해 섬의 곳곳으로 흩어져 그곳의 신이 되었다는 이야기가 바로 그것이다. 재미있는 것은 손자가 368명으로 368개 마을의 신이 되었다는 것이다. 또 손자가 368명이나 되었다는 것은 섬 전체의 오름이 약 368개라는 것과 의도적으로 맞춘 것으로 보인다. 368개라는 오름은 섬 자체를 의미하는 것이기 때문이다. 더구나 지금이야 다르지만 옛날 사람들은 오름에서 태어나고 오름에서 살고 죽어 오름에 묻혔으니 오름은 그들의 삶의 근거이며 신앙의 대상이며 일부분이기도 했던 것이다. 그러니 그들이 섬기는 신에 대한 지나친 자긍심이 그들을 온 섬을 다스리고 온 세상을 다스리는 신으로 만들었던 것으로 보인다.

　본향당으로 들어갔다. 소나무 드리운 자그마한 신당은 영기를 품은 듯 깊고 고요했다. 금백조의 영혼이 머무는 듯 습한 기운과 달리 햇살은 따스하고 바람은 훈훈했다. 나뭇잎들 살랑이며 오랜 이야기들을 전하려는 듯 수런거리고 있었다. 당을 벗어나 몇 걸음 떼니 당오름 둘레길이 보였다.

　오래전 육지에서 태어난 금백조가 섬에 들어와 한라산에서 태어난 소로소천국을 만나 함께 걸었던 길일 것이다. 그들의 숨결이 깃들어 있는 길이고, 그들의 체온이 남아 있는 숲이었다. 금백조와 소로소천국은 당오름 깊은 숲을 손잡고 거닐며 사랑을 속삭였을 것이다. 당오름은 금백조와 소로소천국의 땅이다. 그들의 사랑이 깃든 그들만의 공간이다. 성스러운 땅이다. 그러니 그들만의 땅으로 남겨두었어야만 했다. 그런데, 더 많은 관광객을 유치하기 위해서인지, 아니면 주민들의 산책길을 위해서였는지 정상으로 올라가는 길을 만들었다. 금백조와 소로소천국만의 영역을 사람들의 영역으로 만들었다. 금백조와 소로소천국만의 영역에 사람들이 침범한 것이다.

이 섬은 신들의 땅이다. 일만팔천여 신들이 살고 있다고 한다. 그러니 신들만의 공간을 남겨둬야 하지 않을까? 신들의 섬이라고 해도 과언이 아닌 섬에서 신들만의 공간이었던 곳을 사람들에게 내어주면 이 섬을 신들의 땅이라고 할 수 있겠는가? 신들도 거처를 잃어버린 땅에 사람들은 자신들의 거처를 지키며 살아갈 수 있을까? 신들의 영역을 지켜주지 못하는 사람들이 다른 사람들의 영역을 지켜줄 수 있을까? 신들의 영역은 지켜주지 못하면서 내 영역은 지켜달라고 소리칠 수 있을까? 그런 외침들에 다른 이들의 마음을 움직이는 힘이 담길 수 있을까? 사람들이 신들만의 공간을 침범하고 빼앗았듯이, 우리들이 신들만의 공간을 침범하고 빼앗는다면, 우리들도 우리들만의 터전을 누군가들에 의해 침범당하고 결국은 빼앗게 될 것이다.

당오름 정상 부분은 금백조와 소로소천국이 사랑을 나누던 공간으로 그대로 놓아두면 좋겠다. 그들만의 공간으로, 신들의 땅으로 보존하면 좋겠다. 할 수만 있다면 열었던 길을 다시 닫았으면 좋겠다. 원래대로 돌려놓는 것이 마땅하다고 생각한다. 그것이 금백조와 소로소천국에 대한 최소한의 배려이며 존중심을 표현하는 것이라고 생각한다. 송당에는 이 길 아니더라도 산책할 수 있는 길들이 많다. 신들의 땅은 신들의 영역으로 그대로 놓아두는 것이 좋겠다. 사람들의 삶을 위해서도 그게 훨씬 좋을 것이다. 다랑쉬오름, 높은오름, 돝오름, 안돌오름, 밭돌오름, 체오름, 둔지오름, 새미오름 등과 같이 멋지고 아름답고 당당한 오름들이 볼품없이 작은 이 오름을 마치 호위하듯 겹겹이 둘러서 지키고 있는 이유는 금백조와 소로소천국의 영역이었기 때문이 아닐까.

신들의 삶이 존중된다면 더불어 사는 사람들의 삶도 존중받게 될 것이다. 하지만 신들이 거처를 잃게 된다면 머지않아 더불어 살아가던 사람들도 삶의 거처를 잃고 쫓겨나게 될지도 모른다.

백약이오름

치유와
회복의 땅

탐라에 대한 원나라의 지배는 고려 말 공민왕 때 끝났다. 무려 100년의 세월이었다. 일제 강점이 불과 36년뿐이었는데도 그 흔적들이 지금까지 사회 곳곳에 남아 있을 뿐 아니라 깊이 뿌리내려 온갖 부작용을 앓고 있는데, 100년의 세월이 어찌 짧다고 하겠는가. 고려 말 공민왕은 반원정책을 폈다. 그리고 명이 원을 멸하자 고려는 원의 세력이 남아 있는 이 섬을 정벌했다. 최영 장군은 군선 300여 척과 군사 2만 5000여 명을 이끌고 섬으로 들어왔다. 목호 세력은 최영 장군이 상륙한 비양도 명월포에서 전투를 치르며 초기에 승리를 하기도 했으나 곧 밀리기 시작했다. 밝은오름으로 물러나고 새별오름이 있는 어름비평원으로 밀려나며 연이어 패했고, 끝내는 법

환 포구 앞에 있는 범섬에서 최후를 맞이했다. 그 당시의 참경은 "간과 뇌가 땅을 가렸다. … 말하면 목이 멘다"*고 기록되었을 정도니 말하기도 어려울 만큼 참혹한 광경이었을 것이다. 간과 뇌가 땅을 가릴 정도였으니 얼마나 많은 피가 흘렀겠는가. 가족과 친지, 이웃들 중에서도 죽은 자들이 많았을 테니 입을 떼기도 전에 먼저 목이 메지 않으면 그것이 오히려 이상한 일이었을 것이다. 그렇게 고려의 지배를 받기 시작한 탐라는 고려 우왕 5년 (1379)부터 공양왕 4년(1392)까지 불과 13년 동안 2만 필 이상의 말을 원

---

* 조선 태종 때 제주 판관 하담이 목격자로부터 목호의 난에 대한 이야기를 듣고 기록한 것이다. 『이것이 제주다』(고희범 지음, 단비, 2013), 「'목호의 난', 그 흔적을 찾아」에서 재인용.

대신 들어선 명에 바쳤다고 한다. 그렇게 죽고 빼앗기며 복속된 이 섬의 역사가 현대에 이르러서도 계속되어 4.3까지 이어지고 있는 것이다. 어찌 한이 없겠는가. 가슴 깊이 묻어놓기만 하여 응어리지고 한이 되고 병이 된 아픔들이 어찌 없겠는가.

그 한 서린 삶들이 이 섬의 곳곳에 이런저런 형태로 배어 있다. 그중 하나가 오름이다. 제주 사람들은 말할 수 없는 그들의 한과 고달픈 삶을 오름의 이름에 담아두기도 했다. 여인의 몸매를 닮은 곡선미를 지니고 있어 사진가 김영갑이 사랑했다는 용눈이오름은 그 부드러움과는 달리 '용의 눈'이라는 무서운 이름을 가지고 있다. 왜 이런 이름이 붙었을까. 능선에서 내

려보면 굼부리가 용의 눈을 닮아서라고 말하는 이들이 있지만 아무래도 그런 것 같지 않다. 용의 눈으로 지켜보겠다는 의지의 표현이 아닐까. 언젠가 용이 깨어나 복수해주기를 바랐던 염원이 담겨 있는 것은 아닐까. 그들의 삶을 죽음과 고통이 없는 땅으로 인도해주기를 바라는 염원이 담겼던 것이 아닐까. 그뿐인가. '앞(前)오름'은 '아부오름'으로 불리기도 한다. 한라산과 많은 오름들을 배경으로 하고 있는 모습이 아버지가 듬직하게 좌정한 모습 같다고 하여 아부오름이라는 이름을 얻었다는 그럴듯한 설명도 있다. '앞(前)오름'이 '아부오름'이라 불리기도 하는 것은 아버지에 대한 그리움 때문이 아닐까. 혹은 남편과 아들에 대한 그리움 때문이 아닐까. '바리매오름'은

오름의 생김새가 스님의 밥그릇을 닮았다고 하여 '바리매'라는 이름을 얻었다고 한다. 사실 스님의 밥그릇을 닮은 오름들이 하나둘인가. '바리매'라는 이름은 먹고사는 것조차 힘들었던 그들의 삶이 그대로 반영된 이름이라 아니할 수 없다. '다랑쉬오름'은 더이상 설명이 필요하지 않을 정도로 제주 4.3의 역사가 되고 상징이 된 오름이다. 그 이름 자체가 아픔이고 한이다. '백약이오름'은 또 어떠한가. 사람들은 이 오름에서 작물도 경작하고, 나물도 캐고, 아프면 약초를 얻어 다스리며 살아왔던 것이다. 이렇듯 오름의 이름들에는 이 섬에서 살아온 사람들의 삶과 아픔과 염원이 담겨 있다.

　이름에만 그들의 염원을 담아둔 것이 아니다. 실제로 그들의 아픔을 치유하고 회복시켜줄 공간 또한 필요했다. 이 섬에서 벗어날 수 없고, 또 벗어나지 않는 사람들은 그들의 아픔을 치유해줄 땅이 필요했다. 그들의 슬픔을 묻어놓을 곳, 한을 내려놓고 아픈 상처를 치유받을 곳, 아무에게도 말하지 못한 채 가슴 속에 묻어두기만 했던 말들과 염원을 바람에 실어 사방으로 흘려보낼 수 있는 자유의 땅, 회복의 공간이 필요했다. 그 공간이 바로 온갖 약초가 많이 나서 '백약이'라는 이름을 얻은 백약이오름이다.

　　백약이오름(백약악百藥岳, 백약산百藥山)은 이름만으로도 약초가 많이
나는 산이라는 것을 쉽게 알 수 있다. 백 가지 약초가 난다는 것이 아니라
온갖 약을 얻을 수 있다는 의미이다. 한마디로 약산藥山인 것이다. 기록
을 보면 이 오름에서 얻을 수 있는 약초가 너무 많아 언급하기도 어려울 정
도이다. 감기, 간염 등에 사용하는 층층이꽃, 이뇨제로 사용하는 찔레나무,
지혈제로 사용하는 오이풀, 복통과 소화불량에 사용하는 방아풀, 무릎 쑤
시거나 독사에게 물렸을 때 사용하는 쇠무릎, 기침약과 해열제로 사용한

다는 하눌타리 등 익숙한 이름에서 처음 듣는 것들에 이르기까지 하나하
나 기억하기도 어렵다.

　백약이오름은 제주 내륙에서 가장 아름다운 드라이브 코스로 꼽히는
금백조로에 있다. 서귀포시 표선면의 최북단 오름이면서 북제주군과 접경
을 마주하는 자리에 그 매끄럽고 웅혼한 모습을 드러내고 있다. 주차장에
차를 세우면 바로 오름으로 들어가는 입구이다. 나무계단 길을 따라 들어

가면 된다. 사진을 찍으며 천천히 걸어도 불과 이삼십 분이면 정상이다. 오르막이라지만 그리 가파르지 않다. 굼부리 능선에 오르면 눈앞에 펼쳐진 광경에 절로 탄성을 지르게 된다. 막혔던 가슴이 절로 뚫리는 것을 경험한다. 꺾이거나 끊어진 흠이라고는 찾아볼 수 없는 매끄러운 굼부리가 둥그런 가슴을 한껏 벌리고 있다. 얼마나 크고 넉넉한지 하늘을 담을 듯하고 수백 년 넘는 세월 동안 가슴에 묻어둔 수많은 이야기들을 남김없이 꺼내놓아도 충분히 담아낼 수 있을 듯하다. 깊이가 49미터밖에 안 되지만 설문대

할망이 빠져 죽었다는 깊이를 알 수 없는 연못처럼 깊고 깊은 듯 아득하기만 하다. 굼부리의 바로 뒤에 그림처럼 들어앉은 한라산 때문일까. 그럴지도 몰랐다. 아득히 보이는 한라산은 손 내밀면 이내 닿을 것만 같이 가까웠다. 설문대할망이 한라산에 좌정한 채 두 손을 뻗어 백약이오름을 소쿠리 삼아 들고 있는 것 같았다. 소쿠리에 가득한 약초들을 가져가라는 듯이 말이다.

　높이 357미터의 높지 않은 이 오름은 굼부리가 넓고 깊어 그 둘레가
약 1500미터 정도이다. 길다면 길고 짧다면 짧은 거리이지만 그 굼부리의
둘레길을 걸으려면 제법 시간이 걸린다. 오름 곳곳에서 풀을 뜯는 소도 보
아야 하고, 둘러싸듯 늘어선 다른 오름들과도 눈을 마주쳐야 하고, 꽃들과
도 이야기 나누어야 하기 때문이다. 마음에 묻어두었던 말들 또한 내려놓
아야 하기 때문이다.

아이들 소리가 들린다. 돌아보니 가족들이 오름에 들었다. 굼부리의 둘레길을 따라 걸었다. 눈에 들어온 풍경들이 그대로 가슴에 쌓였다. 고즈넉한 아름다움이라고 해야 할까. 오랜 세월 제자리에 뿌리내리고 살아온 생명들이 지닌 가슴 저린 아름다움이라고 해야 할까. 황홀한 슬픔이라고 해야 할까. 슬픔 깃든 평화라고 해야 할까. 이야기를 쏟아내는 풍경들 저마다 고요하다. 나도 마음을 내려놓는다. 북동쪽으로 동검은이(거미)오름이 신비롭고, 그 너머 다랑쉬가 황홀하다. 그뿐인가. 동쪽으로 자리한 서너 개의 산들이 모여 이룬 좌보미오름은 마법의 세계이기라도 한 듯 다채로운 자태를 뽐내고, 멀리 떨어져 아득한 한라산은 마음 따라 걸으면 이내 닿을 듯했다.

바람은 맑고 하늘은 선선했다. 걷는 길에 산국 한 무리 활짝 피어 바람에 흔들리고 있었다. 아름다웠다. 마주 앉았다. 머무르니 흐르는 것만 같던 하늘도, 길도, 바람조차도 함께 머물러 있는 듯했다. 함께 흐르기를 기다리기라도 하는 듯 말이다.

이 바람 타는 섬에서 살아온 사람들은 이렇게 머물러 가슴에 맺힌 한을 씻어냈겠구나.

오랜 세월 마음 깊이 묻어두기만 한 말들을 흘려보냈겠구나.

홀로 아파하며 견디기만 하던 상처들을 치유했겠구나.

그 말들과 한들과 상처들 오름으로 흘러들어 수많은 약초와 꽃들과 풀들을 품어냈겠구나.

그 사람들과 수많은 생명들을 살려내기 위해서 말이다.

그랬겠구나. 그랬겠어.

깊이를 알 수 없는 굼부리 아래로부터 바람이 불어왔다.

설문대할망이 손짓을 하는지 풀들은 흔들리지도 않는데 바람이 일었다.

몸을 일깨우고 마음을 정화시키고 영혼을 일어서게 하는 바람이었다.

맑은 바람이었다.

동검은이오름

신들의 땅

동검은이오름을 향했다. 다섯 번째 걸음이었다. 봄과 가을, 여름과 겨울을 지나는 동안 걸음을 하였고, 작년 여름쯤이었던가, 그 무렵에도 들어갔었다. 동검은이오름과 나는 기묘한 인연으로 엮여 있는 듯했다. 알려지지 않은 오름을 찾아갈 때는 길을 찾지 못해 서성이기도 하고 어렵게 찾아 들었다가도 숲 우거진 산속에서는 돌아나오는 길을 놓쳐 왕왕 헤매기도 한다. 하지만 동검은이오름은 숲이라 할 것도 없고, 길이 훤히 보이는 초지뿐이어서 길을 잃을 수가 없는데도 세 번이나 길을 잘못 들었다. 길을 잃은 것이다. 처음 갔을 때에는 지는 노을을 바라보며 아무 생각 없이 먼저 왔던 사람들이 가는 길을 따라가다가 북서면 쪽 무덤이 많은 곳으로 내려오게 되어 숲 우

거진 낯선 길에서 헤맸다. 두 번째, 세 번째에는 오름의 정상에서 길을 따라 걸으면 당연히 들어온 입구로 돌아나가게 될 것이라고 생각하였던 탓에 길을 잃었다. 길을 따라 걷다 보니 두 번째에는 북동쪽 입구로 나가게 되었고, 세 번째에는 길이 끊어져 길 없는 숲길을 헤치며 들어온 입구로 나가느라 고생하였다. 들어온 입구로 나가려면 오름을 이루고 있는 네 개의 봉우리를 돌

아 들어온 길로 되돌아가야 하는데 다른 길을 따라 내려가면서도 들어온 입구가 나올 것이라고 믿고 있었으니 길을 잃고 헤매는 것이 당연했다. 길에 대한 확신을 가지고 걸었는데 번번이 길이 어긋나 헤매게 되니 혼란스러울 수밖에 없었다. 생각해보면 어이없는 일이지만 그렇게 길을 잃고 잃기를 되풀이하였다.

　언제인가 제주가 고향인 벗에게 동검은이에서 길을 두 번, 세 번이나 잃었다고 말하니 도저히 이해할 수 없다는 듯 고개를 갸웃거렸다. 내가 스스로 생각해도 어이없고 이해되지 않는 일이니 섬사람이 고개를 갸웃거리는 모습은 조금도 이상할 것이 없었다. 가보신 분은 알겠지만 동검은이에서 길을 잃어버린다는 것은, 그것도 세 번씩이나 길을 잃는다는 것은 이해하기 힘든 일이다. 그저 나의 실수였다고 치부하기에는 납득이 되지 않았다. 이런 일이 반복적으로 일어났다는 것은 어떤 의미가 있는 것이 아닐까. 잠시 신들의 손길이 닿았던 것이 아닐까. 설문대할망의 숨결을 느끼고 체취를 느꼈던 것이 아닐까. 그 체취에 정신이 아득해져 어디에 있는지도 망각한 채 길을 잃었던 것이 아닐까. 신들이 머물던 땅이니 이곳에 들 때는 마음을 새롭게 하여 경건한 마음으로 들어야 하는 것 아닐까. 이런저런 생각에 마음을 빼앗기기도 하였다.

　동검은이오름은 신의 땅이다. '동검은이오름'이라는 이름은 '동쪽에 있는 신의 산'이라는 의미이다. 이 오름은 다른 오름들과 달리 형상이 기기묘묘하다. 정상에 올라 보면 4개의 봉우리가 뚜렷한데 그 생김새와 높낮이가 확연히 다르다. 뿔처럼 불쑥 솟은 것도 있고 바가지처럼 둥근 것도 있다. 굼부리도 우물처럼 깊은 것도 있고 개울물처럼 얕은 것도 있다. 높이와 형태가 다른 봉우리들을 잇고 있는 길이나 굼부리들은 바라보는 위치에 따라 다르게 보여 이 오름은 신비롭고 기묘한 느낌을 준다. 오름의 정상에 올라 보면 그 모양들이 첩첩이 늘어서며 사면으로 뻗어나가는데 그 모습이 거미집과 비슷하다고 하여 거미오름으로 불려왔다. 그래서 어떤 기록에는 '거미 주'자를 사용하여 주악蛛岳이라고 표기한 곳도 있다. 하지만 원래 이름은 아닌 듯하다. 오름의 생김새를 따라 마을 사람들이 붙여준 이름이었던 것 같다. 또다른 지역에 검은오름이라는 이름을 지닌 오름이 여럿 있다 보니 차별성을 부여하기 위해 거미오름이라는 이름으로 더욱 불렀던 것이 아닌가 한다. 하지만 다시 생각해보면 다른 지역에 '검은오름'이라는 이름을 지닌 오름이 많다는 사실 자체가 오히려 이 이름에 더 큰 의미와 무게를 주는 것이기도 하다.

동검은이오름은 동거문악(東巨文岳, 東巨門岳, 동거문이악東巨文伊岳)으로 표기되어 있는데, 이는 '검은'의 소리를 따라 표기한 것이다. '검은'의 '검'에는 깊은 뜻이 담겨져 있다. 이는 고조선시대부터 내려온 말로 '신神'을 의미한다. 제주에는 검은오름이라는 이름을 가진 오름들이 여럿 있다. 이 오름들에 쓰인 '검은' 역시 같은 의미의 말이다. 물찾오름이라고도 불리는 검은오름도(교래리와 남원, 표선 3개 읍면의 경계선에 위치해 있다), 조천읍 선흘리와 구좌읍 송당리의 경계에 걸쳐 있는 서검은이오름도, 조천읍 교래리와 표선면 가시리 경계에 걸쳐 있는 검은이오름도 마찬가지이다.

'검'이라는 단어가 쓰인 이름이 제주의 오름에만 있는 것은 아니다. 우리나라의 산 지명에도 '신'의 의미를 지닌 '검'자가 쓰인 곳이 여럿이다. 백두

대간 산줄기인 구룡산에서 신들에게 제사 지내던 태백산으로 나아갈 때 지나던 고개가 있다. 이름이 '곰넘이재'이다. '곰'은 '검'에서 나온 말로 '신'을 의미한다. 곰넘이재를 '곰 웅'자를 써서 '웅현熊峴'이라고 한 것은 뜻을 표현한 것이 아니라 소리만 빌려온 것이다. '웅현'의 우리말은 '곰재' 혹은 '검재'이니 곧 '신령'이다. 즉 곰넘이재는 '신에게 나아가는 고개'이다. 옛사람들은 그 고개를 지나 큰 지혜 머무는 태백산太白山으로 나아가 하늘에 제사를 지냈다. 그 태백산을 지나 산줄기 이으면 함백산咸白山이다. 함백산은 그 이름에 태백산에 깃든 큰 지혜를 널리 펼친다는 의미를 담고 있다. 함백산에는 우리

나라 제일의 야생화 군락지와 한강의 발원지인 검룡소를 품은 금대봉이 있다. 이 두 가지 사실만으로도 금대봉이 보통 산이 아니라는 것을 쉽게 알 수 있다. 금대봉은 생명을 품어 키우고 살리는 하늘의 지혜를 세상에 전하는 은총 깃든 생명의 산인 것이다. 금대봉의 '금대' 역시 '검대'와 같은 말이다. 즉 금대봉은 '신이 머무는 봉우리'라는 뜻이다. 신의 땅인 것이다.

이 땅의 수많은 신들 중 가장 큰 신이 산신이다. 그래서 단군 왕검도 산으로 내려와 죽어서는 산신이 된 것이다. 그러니 설문대할망이 섬 자체라고

할 수 있는 한라산을 만들고 오름들을 만들었다는 것은 하나도 이상할 것이 없다. 물장오리습지에 빠져 죽은 것이 아니라 무겁고 귀찮기만 한 육신을 벗어버리고 땅 아래로 흐르는 물길을 따라 이 섬 구석구석으로 흘러들며 산과 오름과 이 섬을 지키고 있다고 해서 하나도 이상할 것이 없다. 물길 따라 흐르며 이 마을 저 마을을 살피고 둘러보며 이 섬과 더불어 살아가는 생명들을 지키고 있는 것이다.

신들이 머물던 땅이어서 그랬을까. 길 잃을 수 없는 동검은이오름에서 두 번, 세 번이나 길을 잃었던 것이. 그 신들이 잠시 나를 불러 세웠던 것일까. 말을 건네기라도 했던 것일까. 내 마음을 들여다본 것일까. 잠시 마음을 앗긴 탓이 아니었을까. 잃을 수 없는 길에서 길을 잃었던 것이.

내게 동검은이오름은 언제나 신비로웠다. 능선마다 봄꽃 피고 구름 낮게 드리운 것도 신비로웠고, 비 내리고 안개 깊어 봉우리와 굼부리가 꿈결인 듯 아스라한 것도 신비로웠다. 바람 드세 걷는 것은 고사하고 몸 가누기도 힘들던 순간들도 신비로웠고, 마른 잔디 위로 눈 내리는 것을 보는 것도 신비로웠다. 어디 신비로운 것이 이런 것들뿐이겠는가. 다른 오름들과 달리 여러 개의 봉우리로 이루어진 것도 신비로웠고, 굼부리가 셋이나 있는 것은 더더욱 신비로웠다. 과학적으로 말하면 똑같은 모양의 화구로만 이루어진 것이 아니라 깔때기처럼 깊고 삼태기처럼 넓고 터진 형태가 두루 있는 복합형

화구이다. 능선과 오름의 경사면이 잔디밭인 것과는 달리 이 굼부리들에는 잡목들 무성해 울창하다.

　동검은이오름은 행정구역으로 보면 구좌읍 종달리에 속하며 성산읍과 표선면의 접경지대에 있다. 표고 340미터, 비고 115미터로 그리 높지 않은 오름이지만 서쪽에 위치한 주봉은 피라미드처럼 불쑥 솟아 있어 가파르다. 본디 이름은 검은오름인데 송당리 서쪽에도 검은오름이 있어 구분하기 위해 송당리에 있는 것을 서검은이오름, 종달리에 있는 것을 동검은이오름이라 부른다. 이 오름에 가는 가장 간단한 방법은 백약이오름을 찾아가는 것이다. 백약이오름 주차장에 차를 세우고 길을 건너면 문석이오름과 동검은이오름으로 가는 길이다. 이정표가 있으니 길 잃을 염려는 없다. 억새 사이로 난 길을 따라 걸어 들어가다보면 다시 이정표를 만나게 된다. 왼쪽은 문석이오름, 오른쪽은 동검은이오름 가는 길이다. 오른쪽 길을 따라 걷다보면 이내 동검은이오름 입구를 만날 수 있다.

　날 맑았다. 하늘은 눈부실 정도로 파랬다. 가파른 길을 지나 봉우리에 올라서자 바람이 땀을 식혀주었다. 아, 좋구나. 백약이오름, 좌보미오름, 아부오름, 높은오름, 용눈이오름, 손지오름 등 오름들 첩첩하고 바람 겹겹하여 오름인지 섬인지, 하늘인지 바다인지 알 수가 없었다. 그저 오름들은 섬 같고 하늘은 바다 같았다. 아니 섬들이 몰려와 오름이 되고 바다가 올라가 하

늘이 된 것 같았다. 나아감과 물러섬의 차이가 없고, 앎과 모름의 경계가 없고, 삶과 죽음은 하나인 듯했다.

　참 좋지요?

　어쩌면 이렇게 좋을까요.

　우리는 말을 잇지 못한 채 바라만 보았다. 굳이 말이 필요하지 않았다. 굼부리 쪽을 보니 소들 한가로이 풀 뜯고 있었다. 가파른 계단을 내려가니 손 뻗으면 닿을 듯 소들이 지척이었다. 소들이 오가는 탓인지 노루는 보이지 않았다. 사람 지나지 않고 소들조차 보이지 않는 날에는 노루들을 자주 볼

수 있었다. 가족끼리 무리지어 다니기도 하고 홀로 다니는 놈도 볼 수 있었
다. 가까이 다가섰지만 소들은 촉촉하게 젖은 큰 눈 꿈벅이며 선한 얼굴로
잠시 바라볼 뿐이었다. 이내 고개 돌려 풀 뜯는 데 열중하였다. 손 뻗어 만져
보고 싶었지만 그만두었다. 다소 조심스럽기 때문이기도 했지만 그보다는
그들의 평화를 깨뜨릴까 저어되었기 때문이다. 굼부리 한쪽에 자리하고 있
는 무덤가의 돌담 앞에 앉아 소들을 바라보았다.

저렇게 욕심 없이 소박하게 살아갈 수만 있다면 얼마나 좋을까. 저렇게
숨결만으로도 기쁘게 제 생을 살아갈 수 있다면 얼마나 행복할까. 그저 자

연의 일부로 살아갈 수 있다면 얼마나 고마울까. 나 자신을 비우며 살아갈 수만 있다면 얼마나 감사할까.

　아는 것이라고 다 말하지 않는다면, 할 수 있는 것이라고 다 하지 않는다면, 가질 수 있는 것이라고 다 가지지 않을 수만 있다면 서로를 지키고 살릴 수 있을 것인데… 품을 수 있는 것보다 조금 더 품고, 물러설 수 있는 것보다 조금 더 물러서고, 비울 수 있는 것보다 조금 더 비울 수만 있다면 보다 더 아름다운 세상이 될 수 있을 것인데….

　어딘가에서 이런 소리가 들려오는 듯했다. 선한 소들의 눈망울에서 들
려오는 듯도 하고 내 마음 깊은 곳에서 들려오는 것 같기도 했다. 어쩌면 저
깊고 깊은 굼부리로부터 울려 나오고 있는지도 몰랐다.

　바람 불어왔다. 설문대할망의 바람인가. 올려다본 하늘은 눈물처럼 맑
았다. 맺힌 눈물처럼 이내 뚝 떨어져 내릴 것만 같았다.

영주산

또 하나의 섬,
또다른 한라산

바람 습하고 날 뜨거워 열린 창으로 들어온 바람이 후끈했다. 오전 시간인데도 주저앉아 있고만 싶었다. 에어컨을 틀면 이내 두통이 오고 창을 열면 뜨거운 바람이 몸을 휘감았다. 안 되겠다. 이러다 아무것도 못하겠구나. 나가자. 옷을 갈아입고 현관을 나서자 햇빛이 살처럼 쏟아져 내렸다. 눈부셨다. 아지랑이 피어오르는 듯 가물거렸다. 살갗이 녹아내릴 것만 같은 뜨거운 햇살 아래서도 화단의 꽃들은 저마다 봉오리를 피우며 제 삶을 한껏 살아내고 있었다. 한련화, 버베나, 매발톱, 작약, 목마가렛, 루피너스, 로즈마리, 라벤더, 채송화 등 저마다 다른 모습으로 때로 견디고 때로 누리며 살아가고 있었다. 마음 내려놓고 길을 나섰다.

영주산瀛州山으로 향했다. 영주산은 성읍에 있다. 지금은 성읍민속마을
로 유명한 관광지가 된 성읍은 오랜 세월 제주 동쪽의 중심지였던 곳이다.
조선시대에는 제주를 제주목, 대정현, 정의현 등 세 구역으로 나눠 다스렸
다. 성읍은 바로 정의현의 소재지였던 곳이니 지난 500여 년간 제주 동쪽
의 수도였다고 해도 조금도 이상할 것이 없다. 그 성읍 사람들이 정신적으
로 의지하는 영산이 바로 영주산이다. 영주산은 성읍뿐 아니라 제주 동쪽
을 지키는 영험한 산이다. 이 섬에는 368개의 오름이 있다고 하지만 몇 개

나 더 있는지 정확한 것을 알지 못한다. 이 섬의 진정한 주인은 오름이라 할 만하다. 그렇게 오름이 많은 이 섬에서도 오름의 제국이라 할 만한 곳은 바로 섬의 동쪽이다. 용눈이, 다랑쉬, 높은오름, 손지오름, 아부오름, 백약이오름, 동검은이오름 등 수많은 크고 작은 오름들이 첩첩하고 겹겹이 늘어서 있는 곳이 바로 제주의 동쪽이다. 그리고 영주산은 그 초입에서 이 모든 오름들을 이끌며 지키고 있다고 해도 과언이 아니다.

영주산은 표고 326.4미터, 비고 약 150미터로 오름 중에서는 제법 높

고 큰 편이지만 거칠지는 않다. 능선은 부드럽고 완만하며 경사면은 잔디로 부드럽게 덮여 있고 소나무 숲과 삼나무 숲을 품고 있다.

영주산은 그 이름에 나와 있듯이 산이다. 오름이 아니다. 제주에는 다섯 개의 산이 있다. 제주 사람들이 신령하게 여기는 산들이다. 그 외에는 아무리 산이라고 불리고 있을지라도 모두 오름이다. 세월이 지나며 사람들이 이름을 새로 붙인 것이다. 예를 들자면 송악산과 단산이 그렇다. 대정읍에 있는 송악산은 산이라고 부르고 있지만 원래 이름은 '절울이'이다. '절울이오름'이 송악산의 원래 이름이다. '절울이'는 '파도가 절벽에 부딪쳐 운다(혹은 우레같이 울린다)'는 뜻이라고 향토사학자인 박용후 선생은 그의 저서 『제주도 옛 땅이름 연구』에서 풀이하고 있다.˙ 그런 것을 한자 식으로 송악산頌岳山이라고 썼던 것이고, 후일 소나무가 많다고 하여 송악산松岳山으로 바뀐 것이라고 한다. 하지만 소나무가 심어진 것은 그리 오랜 일이 아니니 잘못된 이름이라 아니할 수 없다. 또한 안덕면에 있는 단산도 마찬가지이다. 단산의 본디 이름은 '바굼지(바구니)'인데, 이를 '소쿠리 단'자를 써서 단산簞山이라고 썼다고 한다. 하지만 박용후 선생에 의하면 '바굼지'는 '바구니'의 와전이다. '바구니'는 박쥐의 옛말이다. 그러니 우리가 단산이라 부르는 바굼지오름의 본디 이름은 바구니오름으로서 박쥐오름인 것이다.˙˙

　제주 사람들이 신령하게 생각해온 다섯 개의 산은 한라산, 산방산, 영주산, 청산(성산 일출봉)과 두럭산˙˙˙이다. 오직 이 다섯 개만이 제주에 있는 산이다.

|

˙　　『오름나그네』 1, 김종철 지음, 높은오름, 재인용.

˙˙　　『오름나그네』 2, 김종철 지음, 높은오름, 재인용.

˙˙˙　두럭산은 우리가 아는 산이 아니라 제주시 구좌읍 김녕리 앞바다에 있는 갯바위이다. 평소에는 바다에 잠겨 있지만, 음력 3월 썰물 때에 모습이 드러난다. 그 모양이 백록담을 닮아 마을 사람들이 영험하게 여긴다. 언젠가 세상을 구할 영웅이 한라산 백록담에서 태어나는데, 그가 탈 용마가 두럭산에서 솟아난다는 전설이 전해져온다(『제주 동쪽』, 한진오 지음, 21세기북스, 2021, 99쪽).

　　영주산이 눈에 들어왔다. 조금 더 가자 영주산 탐방로라는 이정표가
보였다. 따라 들어가자 이내 영주산 탐방로 입구가 보였다. 잘 정비되어 있
었다. 계단도 놓여 있고, 상세한 설명을 곁들인 안내판도 세워져 있었다. 계
단으로 들어서자 푸른 초원이었다. 초원 사이로 나무 계단이 놓여 있었다.
완만한 영주산의 능선이 눈에 들어왔다.

　　이 산은 어떻게 이렇게 놀라운 이름을 얻게 되었을까.

영주瀛洲는 원래 이 섬의 이름이다. 또한 영주산이라는 이름은 이 섬 자체라고 말할 수 있는 한라산의 다른 이름이기도 하다. 이 섬을 '망망한 바다 가운데 있는 섬'이라고 하여 '바다 영瀛'자와 '섬 주洲'자로 이름을 삼은 것이다. 이 섬의 이름은 후일 탐라가 되었다가 지금은 제주가 되었다.**** 우주의 중심에 세워진 새로운 세상의 이름이 '영주'였고, 그 세상 자체라고 할

**** 『설문대할망 손가락』, 문무병 지음, 각, 2013.

수 있는 한라산의 이름이기도 했던 '영주산'이라는 고귀하고 신성한 이 이름을 이 자그마한 산은 어찌 얻게 된 것일까.

초원 사이에 놓인 나무계단을 따라 들어갔다. 바람조차 녹아내릴 것처럼 햇살은 뜨거웠지만 마음은 평안하고 걸음은 가벼웠다. 땅은 부드럽고 산세는 완만했다. 영주산은 말발굽형의 산세를 지니고 있다. 산의 한쪽이 열려 그 길로 따라 들어가다보면 부드럽고 너른 품으로 들어서는 것 같았다. 마치 대지의 품에, 어머니의 가슴에 안기는 것 같은 느낌이 든다. 그 때문이 아니었을까. 어쩌면 이런 이유로 제주 사람들은 이 산을 친근하게 느꼈을지도 모른다. 살아가는 것이 고단하기만 했던 이 섬사람들에게 있어서 '은하수를 잡아당길 만큼' 너무 높을 뿐 아니라 신선들이 산다는 신성한 산 한라산보다는 낮게 마을에 드리워 그들과 함께 살아가고 있는 이 산에게서 위로를 받았던 것은 아닐까 하는 생각이 든다. 신선들이 사는 신선들의 땅인 한라산말고 사람들과 함께 살아가고 사람들이 언제든 들어가 쉴 수 있는 사람들의 땅인 또다른 산이 필요했을지도 모른다. 그래서 낮고 작은 산이지만 한라산처럼 사방이 다 보이는 이 산을 작은 한라산, 소영주산이라고 불렀던 것이 아닐까. 그러한 이유들로 인해 이렇게 신령한 이름을 얻게 된 것이 아닐까. 이런저런 상념들이 마음을 지난다.

숲을 남겨두고 너른 풀밭 이어지던 초원을 지나니 영주산의 주능선이

한눈에 들어왔다. 부드럽게 솟구친 완만한 오르막을 오르자 능선을 따라 나무계단이 놓여 있었다. 계단은 하늘을 향해 놓여 있는 듯했다. 마치 하늘에 이르기 전에는 끝나지 않을 길이라는 듯 아득했다.

하늘은 푸르고 햇살은 눈부셨다. 머리에서 얼굴에서 땀이 빗물처럼 흘러내리고 있었다.

산불감시초소가 있는 정상에 올랐다. 하늘 맑고 햇살 쨍쨍했지만 산

아래는 해무가 밀려온 듯 대지가 토해낸 듯 희뿌연 안개 깃들어 겹겹이 늘
어선 오름들이 보이지 않았다. 표고 326.4미터밖에 되지 않는 낮은 산이지
만 전후좌우 막힌 곳 없이 열려 있어 사방팔방 두루두루 살필 수 있는 산
이건만 성산일출봉조차도 보이지 않았다. 풍력발전기들만 가까이 서서 어
서 내려오라는 듯 다정히 손짓하고 있었다.

　　산길을 이었다. 정상에서 능선을 따라 조금 내려가니 산이 품어낸 소
나무 숲이고 삼나무 숲이었다. 지나는 이 하나 없는 깊은 숲은 적막했다.
새 소리만 간간이 들려올 뿐 고요했다. 뜨거운 햇살조차 들어오지 못한 깊
은 숲을 걸으며 내 영혼은 안온하고 걸음은 가벼웠다. 길을 이어가자 숲이

열리며 햇살이 깃들기 시작했다.

저 햇살 너머에 우리가 몸 부비며 살아가는 세상이 자리하고 있었다.

저 숲길의 끝에 우리의 또다른 삶이 기다리고 있었다.

그 삶 속에서 또다른 영주산이 우리를 기다리고 있는 것은 아닐까.

삶이란 자신만의 영주산을 찾아가는 여정이 아닐까.

나뭇잎 사이로 뜨거운 바람이 밀려들었다.

물영아리오름

물의 땅

우리나라의 대표적인 주거형태는 아파트이다. 비행기를 타고 인천국제 공항이나 김포국제공항으로 들어오며 내려다보면 즐비하게 늘어선 아파트를 볼 수 있다. 아파트 공화국이라고 해도 조금도 지나치지 않다. 땅이 좁고 인구가 많은 탓도 있겠지만 인간을 자연과 어우러져 살아가는 자연의 일부로 바라보지 않고 자본주의 시스템을 유지하기 위한 소비자로만 바라보는 사고의 빈곤에도 원인이 있다. 자본주의 소비자로서 자연과 괴리된 채 살아가는 현대 도시인들의 모습을 상징적으로 보여주고 있는 것이 바로 아파트라는 주거형태이다. 도시인들은 대체로 콘크리트로 지어진 아파트에서 살아간다. 하늘 높이 솟은 고층아파트일수록 비싼 아파트이다. 허공에 뜬

채 먹고 자고 싼다. 허공에서 허공으로 허공을 밟으며 살아가고 있다. 땅으로 내려올 때에도 엘리베이터를 타고 빠른 속도로 내려오고, 직장이나 학교 등 이동할 때에도 차를 타고 공중에 뜬 채로 빠르게 이동한다. 두 발을 땅에 딛고 대지를 느끼며 걷는 것은 마음을 먹어야 할 수 있는 일이 되었다. 부초처럼 떠다니는 삶이자 자연과는 철저히 유리된 삶이다. 이러한 삶을 살아가는 사람들에게 자연을 느끼고 이해하라고 요구하는 것은 어려운 일이다. 자연을 정복의 대상이 아니라 섬김의 대상으로 여기고, 자연과 조화를 이루며 살아갔던 우리 민족의 정신을 이해하라고 말하는 것은 다소 곤혹스러운 일이다. 숲과 자연이 재화를 일구는 도구나 대상이 아니라 우리의 영혼을 맑게 해주고 삶을 풍요롭게 해주는 영적인 공간임을 인식하기 바라는 것은 쉬운 일이 아니다.

숲은 영적 공간이다. 숲길을 걸으면 누구나 지친 몸이 회복되고, 마음의 상처가 치유되는 것을 느낀다. 숲은 영혼의 안식을 주는 영적 공간이다. 자연은 영혼의 고향이다. 자연과 유리된다는 것은 자연이 주는 치유를 얻지 못한다는 것을 의미한다. 삶에서 오는 수많은 문제들, 고독과 절망 등 이런저런 상처들을 치유받지 못한 채 오로지 홀로 감당해야 한다. 우리나라의 자살률이 높은 이유는 여러 가지 있겠지만 이러한 생활문화, 주거형태도 한 원인일 것이다. 땅으로 내려와야 한다. 숲으로 걸어 들어가야 한다. 그것이 영혼의 안식을 얻고 마음의 치유를 얻는 출발점이다. 걸어야 한다. 참으로 다행스럽게도 2000년대 들어서며 걷기 열풍이 불었다. 걷는 사람들이 많아졌다. 걷기 열풍의 한 계기를 마련한 것이 제주의 올레길이다. 많은 사람들이 걷기 위해 이 섬을 찾는다. 올레길을 걷고 섬을 걷고 오름이 품어낸 길을 걷고 오름으로 들어간다.

걷는다는 것은 빨리 가기 위한 수단이 아니다. 빨리 가려면 걷지 말고 뛰어야 한다. 아니, 힘들게 뛰지 말고 차를 타는 것이 낫다. 걷는 것은 속도의 효율성이라는 가치와는 상관없다. 걸음의 가치는 소통이다. 교감이다. 나 아닌 다른 것들과의 소통을 의미한다. 자연과의 교감이다. 하늘과 땅, 풀과 꽃, 나무와 새, 구름과 바람에 이르기까지 내 밖에 있는 모든 것들과 교감하는 것이다. 그 교감을 위해 길을 걷는다. 길은 자연과 사람, 사람과 사람, 마을과 마을을 잇는 숨의 길이다. 숨결이 이어지는 생명의 공간이다. 그러므로 길은 삶의 일부인 동시에 삶 자체이기도 하다.

사람은 걷는 존재이다. 사람이 두 발을 가지고 태어났다는 것은 걸어 다니라는 것이다. 걸으며 보고 만지고 느끼며 자연을 비롯한 다른 생명들과 교감하라는 것이다. 사람을 뜻하는 한자가 '인人'이라는 한 글자로 이뤄지지 않고 '간間'이라는 글자를 더해 이뤄진 이유가 여기에 있다. 사람은 홀로 있는 존재가 아니라 더불어 있는 '사이(間)의 존재'라는 것이다. 나 자신과 나 아닌 모든 것들과의 관계 속에서 살아가는 존재라는 의미이다. 존재

한다. 걷기는 바로 그런 '사이의 존재'로서의 나를 만나는 출발점이다. 그러니 걷는다는 것은 축복이다.

　제주는 참으로 아름다운 섬이다. 눈길 닿는 곳마다 천혜의 비경이다. 올레길 어디 하나 아름답지 않은 길이 없다. 오름도 저마다의 비경을 품지 않은 곳이 없다. 360여 개나 된다는 많은 오름들 중 자연과 교감하며 걷고, 자신을 만나기 좋은 곳을 굳이 꼽는다면 남원읍 수망리에 있는 물영아리오름이다. 무리지어 걷기보다는 홀로 혹은 둘이 걷기 좋은 길이다. 바람과 풀과 나무의 기운을 느끼며 걷다보면 절로 위로를 얻게 되는 치유의 길이다. 수런수런 이야기 나누며 길 걷다보면 절로 평안을 얻게 되는 생명의 길이다. 생명의 땅이다. 물영아리오름은 남원읍 수망리 산 188번지 도로가에 위치해 있다.

　물영아리오름을 품고 있는 수망리는 물의 땅이다. 수망리의 이름이 '수망水望'이다. 물을 바라보는 것이다. 물은 생명의 근원이다. 그런 탓에 마을 이름에도, 오름 이름에도, 오름에 깃든 전설에도 모두 물이 들어 있고, 물의 이야기가 깃들어 있다. 문헌들을 살펴보면 물영아리오름의 한자 이름은 주로 '수영악水盈岳', '수영악水靈岳' 혹은 '수망악水望岳'* 등으로 기록되어 있다.

---

* 『제주도 오롬 이름의 종합적 연구』, 오창명 지음, 제주대학교출판부.

약간씩 변형된 다른 이름들도 있지만 의미는 거의 같다. 모두 한글의 발음
이나 의미를 살려 작명한 한자차용표기이다. 어떤 이름으로 부르고 기록
하든지 '물(水)'을 빼놓지 않았다. '물이 가득 차 있는 산', '물이 있는 영적인

산', '물을 바라보는 혹은 보고 있는 산' 등의 의미를 지닌 이름들이다. 물론
이는 이 오름의 정상 분화구에 물이 늘 고여 있어 붙여진 이름들이다. 이
분화구 호수와 관련된 전설도 전해진다.

수망리에 처음 사람이 살 때의 일이다. 어느 젊은이가 소를 들에서 방목하다가 잃어버렸다. 소를 찾아 들과 마을을 샅샅이 뒤지고 오름 정상까지 올라갔으나 찾지 못하였다. 젊은이는 기진맥진하여 주저앉아 쓰러졌다. 꿈을 꾼 듯 아닌 듯 비몽사몽간에 백발노인이 나타나 말을 건넸다.

"이보게 젊은이, 소를 잃어버렸다고 상심하지 말게. 내가 그 소 값으로 이 오름 꼭대기에 큰 못(池)을 만들어놓겠네. 그러면 아무리 가뭄이 들어도 소들이 목마르지 않게 될 것이네. 그러니 잃어버린 소는 잊어버리고 다시 한 마리 구해 부지런히 키우게. 그러면 살림이 늘고 궁색하지 않을 것이네."

눈을 뜨니 해가 저물고 있었다. 그때 맑던 하늘이 갑자기 어두워지면서 비가 장대처럼 쏟아지며 우렛소리와 함께 번갯불이 번쩍했다. 우레와 번개에 놀라 젊은이가 혼절했다 깨어나 보니 다음날 아침이었다. 젊은이는 주위를 둘러보다 깜짝 놀랐다. 오름 정상의 분화구에 푸른 물결이 출렁이고 있었던 것이다. 그는 한달음에 달려 내려와 마을에 이 사실을 알렸다. 이때 이후로 마을 사람들은 오름 정상에 물을 여물게 가득 앉혔다는 뜻으로 '물영아리'라 불렀다고 한다.[**] 물이 여물게 가득 앉혀져서, 물이 가득해서 '물영아리'라는 이름을 얻었다는 말이다. 비가 와도 고이지 않는 건천밖에 없는 이 섬에서 언제나 물이 가득한 호수를 품고 있다는 것은 얼마나 놀라

[**] 『제주도 오롬 이름의 종합적 연구』(오창명 지음)에서 재인용(358~359쪽). 전설 이야기가 길어 간략하게 줄였다.

운 은총이란 말인가. 생명이 절로 찾아와 깃드는 축복받은 땅이다. 그런 땅이니 사람들이 모여 살았을 것이고, 마을 이름도 '물을 바라보는 마을', '물이 있는 마을'이라는 의미를 지닌 '수망리水望里'가 되었을 것이다. 그러니 이 오름의 둘레길이 '물보라길'이라는 멋진 이름을 얻게 된 것은 너무나 당연하다고 하겠다. 참으로 잘 어울리는 이름이다.

물영아리오름을 품고 있는 수망리는 생명의 근원인 물이 가득한 땅이다. 그러니 말을 키우기에도 좋아 수망리공동목장이 자리하고 있다. 물영아리오름이 초원을 품고 초원은 말들을 키워 목장을 이루게 된 것이다. 오름 가는 길로 들어서면 삼나무 줄지어 늘어선 수망리공동목장을 만난다. 철조망 쳐져 있어 목장 안으로 들어갈 수는 없지만 초원 건너편 삼나무 숲 위로 고즈넉이 자리하고 있는 물영아리오름을 볼 수 있다. 철도의 침목을 깔아놓아 추억을 불러오는 삼나무 길을 따라 들어가면 오름의 둘레길인 물보라길을 만나게 된다. 물보라길을 따라 왼쪽 길로 들어가지 않고 직진하면 오름 정상인 습지로 올라가는 계단길을 만나게 된다. 매우 가파르고 끝까지 계단이다. 오르기 쉽지 않은 길이다. 특히 무릎이 좋지 않으신 분들은 피해야 한다. 물보라길을 먼저 걷기를 추천한다. 오름의 둘레길인 물보라길은 구간마다 이름이 정해져 있고 이정표가 잘되어 있어 길 잃을 염려가 없다. 물보라길에 들어서면 소몰이길, 푸른목장 초원길, 오솔길, 삼나무숲길, 잣성길로 이어지며 들어온 입구로 이어진다. 오솔길 중간에 오름 정상으로 가는 능선길이 생겼다. 예전에는 없던 길이다. 길도 완만하고 힘들지 않다. 숲을 살피고 수런수런 이야기 나누며 걷기 좋다. 물영아리오름습지를 살펴본 후 다시 능선길로 내려와 둘레길을 마저 걸어도 좋고, 계단길을 가보지 않은 분들은 계단길로 내려가도 좋다. 오름 초입으로 이어지는 길들이다. 다만 계단길은 앞서 말했듯이 매우 가파르니 무릎이 좋지 않으신 분들은 피하는 것이 좋겠다. 걷는 속도와 쉬는 시간 정도에 따라 다르겠지만 대략 두 시간 정도면 여유롭게 걸을 수 있다.

해발 508미터인 물영아리오름은 2000년 12월 5일 우리나라에서 최초로 습지보호구역으로 지정되었고, 2007년에는 람사르습지로 등록되어 보호되고 있는 생태계의 보고이다. 산딸나무, 박쥐나무, 생달나무, 참꽃나무, 서어나무, 삼나무, 복수초 등 가득하고 뽕나무버섯, 목이버섯, 콩버섯, 큰낙엽버섯 등 여러 종류의 버섯이 자생하고 있다. 곤줄박이, 큰부리까마귀, 동박새, 큰오색딱따구리, 박새, 꿩, 노랑턱멧새, 방울새 등 많은 종류의 새들이 살고, 제주도롱뇽, 참개구리, 청개구리 등의 양서류와 오소리, 노루 등 포유류들도 살고 있다. 한 가지 주의할 것이 있다. 오름 전체가 숲으로 둘러싸여 있고 습한 땅이라 뱀이 많다. 뱀의 활동이 활발한 시기에는 정상에 오르는 계단 아래로 뱀이 지나는 것을 어렵지 않게 볼 수 있다. 조심할 필요는 있지만 너무 겁낼 것은 없다. 사람보다 뱀이 먼저 놀라 피할 것이니 말이다. 트레일을 따라 걸으면 된다. 분화구의 둘레는 약 1000미터이고 깊이는 정

상으로부터 40미터이다. 분화구 호수의 둘레는 300미터이다.

물영아리오름을 찾아가는 길은 생명의 근원으로 가는 여행이라 할 수 있다. 물영아리오름은 생명의 근원인 물의 땅이다. 물을 찾아 들어서는 걸음이다. 비 내리지 않을 때는 분화구 호수의 물이 자박자박한 정도로 조금밖에 없지만 그것만으로도 충분하다. 이미 제 집을 찾아든 영혼들처럼 위

로와 안식과 평안을 얻었으니 말이다.

이 길로 들어서기 바란다.

거기 물영아리가 있다.

노꼬메오름

서툰 삶을
그리워하다

하늘 참 맑기도 하다

눈 덮인 한라산이 손에 닿을 듯하구나

어쩌자고 저리 푸를까

한라산 저편 서남쪽에만 구름 머물 뿐

이편은 구름 한 점 없어

하늘과 땅이 그저 이것인가 하는구나

하늘 맑고 햇살 따스하다지만 아직 봄 오지 않은 숲이 눈 아래 끝없이 펼
쳐져 있다. 나무와 나무가 숲을 이루어 첩첩한 산줄기 이어지듯 아스라하다.

저 숲 깊은 곳에는 무엇이 기다리고 있을까.

사람들 저마다 가슴에 쌓아둔 하고 싶은 이야기들이 나무마다 깃들어 기다리고 있는 것은 아닐까.

그래서 저 숲은 이 삭막한 겨울에도 저리 무성하고 풍성한 것이 아닐까.

그렇게 기다리고 기다리다 마음 열어 말이라도 건넬 사람을 만나면 오랜 세월 켜켜이 쌓이고 겹겹이 늘어선 이야기들을 정작 꺼내지도 못하고 지켜보기만 하고 있는 것은 아닐까.

그래서 저 숲은 이 추운 겨울에도 저리 아련하고 애틋하게 보이는 것은
아닐까.

지나온 세월들이 살고 있을까.

아니면 살아갈 날들이 기다리고 있을까.

이런저런 상념들이 지난다.

족은노꼬메오름 가는 길이라는 이정표 아래로 떨어질듯 나무계단 촘

촘하다. 좁은 계단마다 아직 떠나지 않은 겨울이 머물러 있다. 그 떠나지 않은 겨울들의 끝에 아직 오지 않은 봄이 머물러 있다. 몸을 일으켰다. 족은노꼬메로 향했다. 아직 남아 있는 겨울을 이고 있는 나무계단은 사람들을 받아들일 준비가 되어 있지 않았다. 나를 밀어냈지만 나는 걸음을 멈추지 않았다. 아무리 애를 써도 떠나지 않는 상념들을 밀어내고 바람에 흘려보내며 결코 끝이 보이지 않을 것 같은 계단의 끝을 향해 내려갔다.

    아직 봄 오지 않은
    저 광활한 숲으로 떨어지듯 내려간다
    아득하기만 하구나
    족은노꼬메오름에 이르거든
    잠시 지친 몸 기대고 앉아 쉬어야겠구나

    노꼬메오름을 찾은 것은 올해 들어 두 번째이다. 하늘 맑고 구름 많았다. 차갑게 느껴질 정도로 파랗기만 하던 하늘은 풍성한 구름으로 인해 온기 품어 따뜻했다. 그리움 가득했다. 하늘은 그리움 품듯 큰노꼬메오름을 품고 있었다. 그 모습이 어찌나 자연스럽던지 그저 구름 같았다. 구름처럼 머무르고 구름처럼 흐르는 듯했다. 하늘의 일부 같았다. 하늘과 땅의 경계 가 사라져 모든 것이 하나였다. 오름은 하늘을 흐르고 구름은 땅으로 스며 들고 있었다. 나도 함께 흐르며 스며들고 있었다.

　떠나지 않은 겨울과 오지 않은 봄 사이로 선뜩한 바람 불었지만 햇살은 따스했다. 열흘 전쯤 올해 들어 처음 찾았던 노꼬메오름은 겨울이었다. 눈 덮인 길들은 꽁꽁 얼어붙어 있었다. 사람들이 들어오는 것을 거부하고 있었 다. 아이젠 없이는 걷기 힘들었다. 걸음 돌렸다. 무리해서 능선까지 오를 수 는 있지만 떨어지듯 가파르게 이어져 있는 나무계단을 내려가 족은노꼬메 까지 갈 수는 없었다. 그렇게 걸음 돌려 정물오름을 오르고 누운오름을 찾 은 후 열흘 만에 다시 찾아든 노꼬메였다.

　주차장에 차를 세우고 내려서자 큰노꼬메오름이 눈앞에 나타났다. 남 북으로 갈려 마주 보고 있는 두 개의 봉우리 사이로 구름 넘실거렸다. 북쪽 의 높은 봉우리가 큰노꼬메의 정상이다.

　노꼬메오름은 제주시 애월읍 유수암리 산 138번지 일대에 자리하고 있 다. 노꼬메라는 이름의 어원이나 의미는 정확히 알 수 없다. 다만 옛날에는 사슴이 살았고 규모도 크고 높이도 높은 오름이기 때문에 '사슴이 살았던 높은 오름'이라는 정도의 의미를 담고 있는 것으로 보인다. 노꼬메는 두 개의 오름으로 되어 있다. 높고 큰 오름을 큰노꼬메, 낮고 작은 오름이 족은노꼬메이다. 큰노꼬메의 표고는 833미터이고 비고는 234미터이다. 오름 중에서는 상당히 크고 높다. 비고는 산 자체의 높이를 말하는 것이다. 해발고도는 833미터이지만 실제로는 234미터만 올라가면 정상에 도달할 수 있다는 의미이다.

깊고 깊은 삼나무 숲 지나 가파르게 올라가자 이내 등성마루였다. 억새에 둘러싸인 길은 남에서 북으로 이어지다 길 잃은 듯 다시 북에서 남으로 흘러내리고 있었다. 바람 불어왔다. 가파르게 오르느라 몸에 배인 땀을 씻어주었다. 큰노꼬메 정상으로 가는 길에 족은노꼬메가 손에 잡힐 듯하였다. 큰노꼬메의 정상에 서니 여러 오름들이 보였다. 어렵게 어렵게 찾아 들었던 노로오름과 한대오름, 한번에 이어 걸으며 부대끼던 마음들을 털어내곤 하던 바리메큰오름과 족은바리메오름, 아직 걸음하지 못한 다래오름과 괴오름 등이 거기 있었다. 망연히 바라보다 족은노꼬메오름을 향했다.

족은노꼬메까지 닿아 있는 나무계단 앞에 걸터앉아 이곳을 품고 있는 광활한 숲을 바라보았다. 족은노꼬메는 손 뻗으면 닿을 듯하였지만 광활한 숲은 깊어 끝을 알 수 없었다.

저 광활한 숲으로

끊어진 듯 이어진 길을

떨어지듯 내려서니

세월이라는 시간의 흔적들이

장엄한 숲이 되어

기다리고 있었다

　나는 저 장엄한 숲처럼 누군가를 기다리며 살아갈 수 있을까. 그리움에
젖어들지 않은 채 그리워할 수 있을까. 사랑에 매이지 않은 채 사랑할 수 있
을까. 제 삶에 구애받지 않은 채 살아갈 수 있을까. 그렇게 굳이 앞날을 계
획하지 않은 채 시간의 흐름과 자연의 질서에 따라 살아가는 부지중의 삶을
살아갈 수 있을까. 마음의 말을 들으며 몸을 따라 살아갈 수 있을까. 다리
아프면 아픈 만큼 적당히 걸으면서. 병도 잘 다스리면 영혼의 구원이 되는

것이니 몸 아프면 아픈 재미도 적당히 느끼면서. 부족하면 부족한 대로, 서툴면 서툰 대로 그렇게 말이다.

　걸음 떼었다. 족은노꼬메로 내려서는 계단은 숲속으로 이어져 있었다. 햇살은 부드러웠지만 바람 세찼다. 계단을 내려서자 깊은 삼나무 숲이 기다리고 있었다. 숲 사이로 난 길을 따라 들어갔다. 길은 끝이 있겠지만 마음은 숲을 닮아 그 끝을 알 수 없었다. 설문대할망이 그 숲을 지나고 있는 듯 바람이 점점 세차게 불었다. 바람 따라 걸으며 서툰 삶을 그리워했다.

　서툴게 살 수 있어 좋다
　젊은 날과 달리 치열하게 살지 않을 수 있어 참 좋다
　그저 별 볼 일 없이 갈지자로 비틀거리며 드문드문 엄벙덤벙 살아갈 수 있어 너무 좋다
　약속을 많이 만들지 않아도 돼서 좋다
　홀로 머물며 거닐 수 있어 좋다
　길 가다 아무 곳에서나 퍼질러 앉아 쉬어갈 수 있어 좋다
　허름한 식당 어느 곳이나 기어 들어가
　찌개에 막걸리 한잔 걸칠 수 있어 그지없이 좋다
　모자란 모습 그대로 보아넘길 수 있어 좋다
　뭔가 거창한 꿈을 품지 않아도 되고

쓰잘머리 없는 거대 담론에 마음 쓰지 않아 얼마나 좋은지 모른다

별 볼 일 없고, 보잘것없이 살 수 있으니 얼마나 좋은가

제 이익을 위해 남을 이용할 필요도 없고

제 욕심을 위해 자신을 드러낼 필요도 없이

이렇게 서툰 인생 서툴게 살아갈 수 있으니 얼마나 좋은가 말이다

게다가 가끔은 이렇게 빈 구석 많은 내 삶을 통해 위로받는 이들도 있으니
더더욱 말할 수 없이 감사하고 좋다
이것만으로도 분에 넘치는 생이다
고맙고 감사하다

바리메오름

밥

이 섬으로 처음 들어올 때의 일이다. 평생 육지에서 살아온 처지라 이 섬에 대해서는 아는 것이 거의 없었다. 내가 제주로 이주하려고 한다는 말을 들은 지인이 제주에 사는 자신의 후배를 소개해줬다. 방을 얻을 때 도움이 될 것이라는 말과 함께 전화번호를 받았다. 며칠 지나지 않아 제주에 산다는 후배로부터 전화가 왔다. 내가 신세지는 것을 싫어하여 연락하지 않을지도 모른다는 생각에 제주 사는 후배가 전화를 먼저 하도록 마음 쓴 것 같았다. 제주 후배는 선배님에게 이야기 들었다며, 오시면 편하게 전화 달라고 하였다. 두루두루 그 마음들이 고마웠다. 섬에 들어온 날 그 후배에게 전화를 했다. 그 후배는 이미 여러 곳의 방을 알아두고 있었다. 자신의 차

에 나를 태우고 여기저기 안내했다. 하지만 인연이 닿지 않은 탓에 후배가 소개해준 방들로 들어가지 못했다. 여러 날이 지나고 중문관광단지 바로 옆 동네인 색달동에 방을 얻었다. 가구와 집기들이 모두 갖춰진 방이었다. 4층이었다. 방도 넓고 바다도 보이는 좋은 방이었다. 이런저런 정리가 끝난 후 식사 대접이라도 하려고 제주 후배에게 연락했다.

　중문관광단지 부근인 색달동에 방을 얻었어요. 오셔서 보셔야지요. 도움도 많이 주셨는데. 저녁도 먹고. 편한 날 정해 오세요.

　조금의 머뭇거림도 없이 후배가 대답했다.

　죄송해요. 너무 멀어서 못 가요.

　몇 마디 더 주고받았지만 결론은 '너무 멀어서 가기 힘들다'는 것이었

다. 이런저런 개인적인 사정도 있을 테니 오지 못하는 것은 얼마든지 이해할 수 있지만, '너무 멀어서 갈 수 없다'는 말은 당시에는 이해하기 힘들었다. 아니, 이해되지 않았다. 아니, 한 시간이면 오는데 뭐가 멀다고, 젊은 사람이, 차도 있는데, 이런 생각들에 절로 고개가 갸웃거려졌다.

이 일이 내가 이 섬과 섬사람들을 이해하게 되고, 이해하려고 노력하게 되는 시작이었다. 섬사람들의 공간과 거리에 대한 개념은 알아갈수록 놀라울 뿐이었다. 제주시에서 태어나 서귀포시에 한 번도 와보지 않은 사람들도 적지 않다는 이야기를 듣고는 정말 깜짝 놀랐다. 제주 시내에서 태어난 사람들이 바로 옆 동네인 조천읍까지 가는 것도 어쩌다 있는 일이고,

조천읍 옆 동네인 구좌읍까지 가는 것은 정말 드문 일이라는 것을 이해하는 것도 쉽지 않았다. 구좌읍이라고 해봐야 시내에서 불과 삼사십 분 정도 거리일 뿐이다. 내가 이 섬에서 살아가는 일은 이 섬에 대한 섬사람들의 인식을 이해하는 것으로부터 시작되었다.

　　태초에 설문대할망은 우주의 중심을 찾아 이 섬을 만들었다고 한다. 그러니 이 섬은 그저 한반도 남단에 위치한 섬이 아니라 망망대해의 한가운데 자리한 새로운 세상이었다. 세계의 중심이 되는 곳에 세워진 새로운 세계였던 것이다. 설문대할망은 섬을 세우고 '영주瀛洲'라 이름지었다고 한다. '바다 영瀛'에 '섬 주洲'이니 그 뜻을 풀면 '바다 한가운데 있는 섬'이라는 뜻이다. 망망하여 끝이 없는 바다는 옛사람들에게는 그들이 아는 바 가장 너른 세계이고 우주였다. 이 섬이 바로 후에 탐라라고 부르다가 지금은 제주로 불리게 된 바로 그 섬이다.* 제주 사람들에게 이 섬은 지구의 중심이며 전 우주의 중심이었다. 우주 그 자체라고 해도 과언이 아닐 것이다. 그러니 섬 동쪽에서 서쪽으로 가는 것은 단지 성산읍에서 한림읍으로 가는 것이 아니라 섬의 끝에서 다른 끝으로 가는 것이다. 그들이 알고 있던 세상의 끝에서 끝으로 가는 것이었다. 그러한 세계관은 이 섬에, 제주 사람들 안에 그대로 남아 있다. 성산읍에서 한림읍을 가고, 구좌읍에서 한경면이나 대정읍을 가고, 제주 시내에서 서귀포시 중문동을 가는 것은 단지 차로 한 시간 정도이면 갈 수 있는 거리가 아니라 생각하는 것조차 쉽지 않은 아득한 거리였던 것이다. 더구나 그 길 중간에는 한라산이 있었다. 지금이야 자동차로 어렵지 않게 오고갈 수 있지만 아득한 옛날에는 우마차로 한라산을 넘어가야 했으니 정말 상상하기도 쉽지 않은 일이었을 것이다. 저간의 사정이 이러하니 섬사람들의 눈에는 구좌읍에서 한경면이나 애월읍 다니기를 마실 다니듯 하는 나 같은 이들은 '육지 것'이라고 할 밖에 없었을 것이다. 나는 섬사람들이 나 같은 사람들을 '육지 것'이라고 부르는 것을 별 저항 없이 받아들였다. 그런 내 모습을 볼 때마다 '조금씩 섬에 적응하고 있구나', '섬을 받아들이고 있구나' 하고 생각했다.

섬사람들의 섬에 대한 공간적 인식은 올레길 지명에도 그대로 드러나

---

* 『설문대할망 손가락』, 문무병 지음, 각, 2013.

있다. 올레1코스가 시작되는 곳은 시흥리이다. '맨 처음 마을'이라는 의미이다. 시흥리에서 시작된 걸음은 '맨 끝 마을'이라는 의미를 지니고 있는 '종달리'에서 끝난다. 더이상 갈 곳이 없는 세상의 끝이 종달리이다. 종달리가 품고 있고, 종달리를 품고 있는 오름의 이름은 그래서 '땅의 끝에 있는 봉우리'라는 의미인 '지미봉地尾峰'일 수밖에 없는 것이다. 올레의 시작과 끝에 자리한 시흥리와 종달리는 서로 만남으로 새로워진다. 섬의 처음과 끝, 세상의 처음과 끝, 우주의 처음과 끝이 다시 만난다. 처음은 끝을 품고, 끝은 처음을 끌어안은 채 길은 이어지고 있다. 그 길을 따라 사람들은 살아가고, 이 섬은 사람들이 몸 기대어 살아가는 생명 세상이 될 수 있었던 것이다.

섬이 품어낸 길을 따라 바리메오름으로 향했다. 제주시를 경유하면 거리상으로는 가까웠으나 중산간 길들을 따라 흐르듯 나아갔다. 덕천리와 송당리를 지나고 녹산로를 거쳐 제2산록도로로 갔다. 애월읍으로 들어섰다. 눈부시게 좋은 날이었다.

바리메오름이 보였다. 오름의 굼부리 모양이 스님들이 사용하는 공양 그릇인 바리때를 닮았다고 하여 바리메라는 이름을 얻었다고 한다. 바리메오름은 큰바리메와 족은바리메로 이루어져 있다. 굼부리가 바리때 모양을 닮았다는 오름은 큰바리메이다. 일반적으로 바리메오름이라 부르는 것은 큰바리메를 말한다. 족은바리메는 큰바리메의 동쪽에 사이좋은 아우처럼 바싹 붙어 있다. 공양그릇을 닮았다 하여 붙여진 바리메라는 부드럽고 완만한 느낌의 이름과 달리 큰바리메의 정상으로 가는 길은 가파르다. 숲은 울창하고 깊다. 약 20분 남짓 걸었을까. 굼부리를 둘러싼 남과 북의 두 봉우리 중 정상인 남봉에 올랐다. 굼부리의 깊이는 78미터이고 바깥 둘레는 약 800미터 정도이다. 꽤 크고 깊다. 정상에 서니 손 뻗으면 닿을 듯 오름들이 가까웠다. 안내판에는 가까이 보이는 오름들의 이름이 적혀 있었다. 다래오름, 폭낭오름, 괴오름, 북돌아진오름이었다.

북봉으로 향했다. 철쭉 핀 숲길은 붉었다. 마치 다른 오름에 오른 듯했고 다른 길을 걷고 있는 것 같았다. 남봉 쪽과 달리 북봉 쪽은 붉은 철쭉으로 물들고 있었다. 다른 세상에 들어선 것 같았다. 남봉과 북봉이 구좌와 애월처럼 멀고, 세상의 끝과 끝처럼 아득했다. 굼부리는 결코 건널 수 없는 깊고 너른 망망대해 같았다. 붉게 피어난 철쭉 사이로 남봉을 바라보니 산세가 부드러운 것이 마치 바리때를 엎어놓은 것 같았다.

오름의 이름이 밥을 담고 생명을 담는 공양그릇이니
이 오름은 얼마나 많은 사람들의 삶을 지켜주었을까

제주의 중심에 한라산이 있듯 삶의 중심에는 오름이 있다. 제주 사람들은 오름에서 태어나고 오름에서 살아가고 죽어 오름에 묻혔다. 제주라는 이 섬이 세상의 중심이었다면 오름은 삶의 중심이었다.

이 오름에게서 얼마나 많은 양식과 삶을 얻었으면 이름을 바리때라고 지었을까.

설문대할망의 오줌줄기를 따라 각종 해산물이 쏟아져 나와 바다의 해산물이 풍성해졌다는 이야기처럼 이 오름은 궁핍한 삶을 겨우겨우 견뎌내고 있던 섬사람들에게 이런저런 먹거리를 주었으니 어찌 생명의 밥그릇이라고 하지 않을 수 있겠는가. 능선에 등을 기대고 누웠다. 편안했다. 등에서

땅의 온기가 느껴졌다. 생명의 온기이다. 바람 불어왔다. 구름 흐르고 있었다. 바리메에 누웠으니 밥그릇에 누운 것이 아니겠는가. 이런 생각을 하며 하늘을 바라보니 뭉실뭉실 피어오른 구름이 김 모락모락 나는 금방 지어낸 흰 밥 같았다. 내가 밥이 된 것 같았다. 바람이 볼을 어루만지듯 스쳤다.

족은바리메로 들어갔다. 크고 작은 서너 개의 봉우리로 이루어진 족은바리메는 골 깊어 숲 우거져 있었다. 오르막과 내리막이 이어진 숲길은

변화무쌍하여 걷는 즐거움을 더해주었다. 깊은 골에서 불어오는 바람은 선선했다. 30분 남짓 걸었을까. 족은바리메의 입구이자 출구가 보였다.

　길은 이어져 있었다. 영함사 가는 길이라는 조그마한 안내판이 보였다. 삼나무 우거진 길은 깊고 아늑했다. 길의 끝에는 지나온 길과는 전혀 다른 길이 이어져 있을 것 같았다. 길의 끝 너머에는 이제껏 살아온 세상과는 전혀 다른 새로운 세상이 펼쳐져 있을 것 같았다. 아름드리 삼나무들 늘어선 길을 따라 걸었다. 이 길에 들어서면서부터인가. 흰 개 두 마리가 앞서 걸으며 나를 인도했다. 내가 걸음을 멈추면 뒤돌아보며 기다렸다. 다가서면 다시 앞으로 나갔다.

　깊어진 숲에 조금씩 어스름 깃들고 있었다. 어스름 사이로 길이 있었다. 그 길로 들어섰다. 그 길에도 어둠 드리우고 있었다. 바람 불어왔다. 설문대할망의 치맛자락이 스쳐지나간 듯했다.

신들의
손길

봄 간다고 꽃 지는 것도 아니고
꽃 진다고 마음 지는 것도 아니다

　삶의 고비마다 세월의 흔적들 드리웠다고 지나온 삶을 잊은 것은 더욱 아니다. 내가 삶을 살아가는 것이 아니라 시간이 내 삶을 채우며 살아가는 것이라고 할지라도, 세월이라는 시간의 모습들이 내 삶에 투영되고 반영되는 것이라고 할지라도, 지나온 삶의 흔적들을 어찌 잊을 수 있겠는가. 살아오며 조금씩 익숙해지기는 하였지만 삶은 여전히 낯선 것이다. 설레고 들뜨기도 하였지만 넘어지기도 하고 실패도 하던 삶의 장면들마다 함께 마음 나누고 몸 부대끼며 살아온 벗들을 어찌 잊을 수 있겠는가. 삶이라는 낯선 길을 서로 위로하고 지켜주던 이들을 어찌 그리워하지 않을 수 있겠는가. 그들은 그저 벗이 아니라 내 삶의 일부가 된 사람들이다. 그렇게 함께 살아왔던 선배가 왔다. 1980년대 초반부터 이런저런 일을 함께했었다. 참으로 오랜만의 만남이었다. 20여 년 만에 보는 듯했다. 인생의 남은 날들을 이 섬에서 보내고 싶다고 했다. 선배의 얼굴에도 세월의 흔적이 남아 있었다. 붉은 노을 길게 드리워 있었다. 이 선배와 몇 차례 대면한 적이 있는 다른 후배도 불러냈다. 오랜만에 회포를 풀었다. 선배와 후배는 거의 30년 만에 보는 것이라며 반가워했다. 하기야 이 섬에서 이런 모습으로 만나게 될 줄 누가 알았겠는가. 당연히 반갑고 놀랄 만한 일이었다.

격조했던 날들에 대한 이야기를 수런수런 나누던 중 선배가 내게 물었다.

"그래서 제주에서 산다면 어디서 살고 싶어요? 지금 사는 곳말고. 제일 마음에 드는 곳이 있을 것 아니에요?"

"송당이요."

"송당? 송당이 어디야?"

선배가 다른 후배에게 물었다. 인생의 남은 날들 동안 몸 기대어 살 집을 찾고 있는 터라 좋다는 곳은 모두 둘러볼 작정인 듯했다. 후배가 송당에 대해 설명을 하려 했으나 간단하게 정리가 안 되는 듯 머뭇거렸다. 내가 대답했다.

"귀신들의 땅이요."

"하하. 귀신들의 땅, 맞네요."

"귀신들의 땅인 송당에 들어가고 싶은 것을 보니 나도 살아 있는 귀신이 다된 모양이네요. 하하."

후배와 내가 맞장구를 치며 웃는 사이에 선배의 마음은 벌써 송당에 가닿는 듯했다.

송당을 귀신들의 땅이라고 하면 싫어하는 제주 분들이 계시려나. 하지만 송당은 분명 귀신들의 땅이다. 제주는 고립된 섬이다. 지금이야 교통도 많이 좋아지고 오가는 물동량도 많아 살기 좋아졌다고 하지만 예전에는 물자도 부족하고 살아가는 것이 고단했던 땅이다. 화산섬인 제주의 땅을

캐면 온통 돌들이다. 승용차만 한 돌은 예사이고 집채만 한 돌들도 심심치
않게 나온다. 농사를 지을 수 없는 땅이라는 말이다. 사방이 바다인 제주에
는 바람이 끊이지 않는다. 풍랑이 거세 고기잡이도 쉽지 않다는 말이다. 그
러니 그 삶이 얼마나 고단하겠는가. 게다가 고려 말 목호의 난 때부터 현대
사의 4.3에 이르기까지 고난이 끊이지 않았던 땅이다. 수많은 아비들과 남
편들과 아들들을 잃고 여자들만 남겨진 섬이다. 그러니 먹고 사는 일의 고
단함이 얼마나 대단했을지 필설로 형용키 어려울 정도이다. 그런저런 탓에
이 섬에 남겨진 이들은 그 삶의 고단함을 해결하고 이겨내기 위해 신들에
게 의탁했다. 양파와 당근 등의 밭농사라도 지어 수확할 수 있는 것도, 바
닷속으로 들어가 해산물을 얻을 수 있는 것도 모두 신들의 돌보심이라고
믿었다. 그들은 무엇을 얻고 수확하든지 신들에게 감사했다. 감사할 일들
이 늘어날수록 신들도 늘어났다. 이 섬에는 일만팔천여 신들이 살아가고

있다. 설문대할망께 감사하고, 영등할망께 감사하고, 금백조와 소로소천국에게 감사했다. 금백조와 소로소천국이 자리한 곳이 송당이다. 제주 동쪽에 사는 많은 신들의 고향이라고 할 만한 곳이 송당이다. 그러니 송당을 귀신들의 땅이라고 한들 어찌 지나치다고 하겠는가. 송당의 당오름 기슭에 본향당이 자리하고 있다. 신들의 이야기가 시작된 곳이라고 할 수 있다.

이 송당에는 유명한 오름들이 많다. 다랑쉬오름, 아끈다랑쉬오름, 용눈이오름, 손지오름, 아부오름, 동검은이오름 등 아름다운 오름들이 첩첩하고 겹겹하다. 그 많은 오름들을 거느리고 있는 듯 우뚝 솟아 있는 오름이 바로 표고 405.3미터, 비고는 175미터인 높은오름이다. 약 30개 정도의 오름을 품고 있는 구좌읍에서 가장 높다.

높은오름으로 향했다. 승용차로 높은오름을 찾아가려면 내비게이션에서 높은오름이라고 치면 목장으로 들어가게 되어 찾기 어려울 수도 있다. 길도 좋다고 할 수 없다. 구좌공설공원묘지를 검색해야 한다. 사람들은 그들의 삶을 늘 돌보고 지켜주던 높은오름에 묻혔다. 구좌공설공원묘지를 찾아가면 관리사무소가 보인다. 그 옆에 주차장도 있다. 높은오름으로 들어가는 길은 삶이란 주검 가운데 있는 것이라는 지혜라도 전해주려는 듯 공원묘지의 한가운데로 나 있다. 길은 다소 가파르지만 밧줄을 이어 만든 매트와 나무계단으로 이어져 있어 오르기 그리 힘들지 않다. 게다가 중간에 쉬어가라는 듯 평지도 제법 이어진다.

　조금씩 배어 나오는 땀을 바람이 식혀줄 즈음 능선이 보였다. 꽃 한 송이 피어 있었다. 잔대꽃이었다. 외롭고 쓸쓸한 듯 홀로 피어 바람에 흔들리고 있었다. 걸음 멈추고 허리 구부려 눈을 맞추니 '난 외롭지 않아…' 하고 말하는 것 같았다. 위로되었다. 아름다웠다. 눈을 들어 둘러보니 억새들은 별로 눈에 띄지 않고 마른풀들만 바람에 서걱이고 있었다. 능선에 올라서자 분화구가 보였다. 깊이 25미터, 둘레 약 600미터의 분화구이다. 구좌읍에서 가장 높은 오름이라는 이름에 견주면 그리 크다고 할 수 없는 분화구이다. 어제 비 내린 탓인지 여전히 날 흐리고 구름 가득하다. 다시 비 오려는지 거뭇한 구름이 밀려오고 있다. 날 흐린데도 일출봉도 보이고 멀리 우도도 아스라이 보인다. 다랑쉬오름, 아끈다랑쉬오름, 손지오름, 용눈이오름도 보인다. 능선을 따라 걷자 오름들도 따라오는 듯 눈길 닿는 곳마다 오름이 첩첩하고 겹겹하게 이어졌다. 당오름도 보이고, 아부오름, 동검은이오름, 백약이오름, 좌보미오름도 보였다. 그 모습이 마치 파도가 쳐오는 듯했다. 물결이 출렁이는 듯했다.

　습기를 머금은 바람이 시원했다. 능선에는 앞서 내려간 사람들 외에는 아무도 없었다. 홀로 높은오름의 능선에 머물러 있었다. 내가 오름을 품은 것인지 오름이 나를 품은 것인지 알 수 없었다. 바위에 걸터앉았다. 분화구 안에 자리잡은 몇 가닥 억새들이 마른풀들과 함께 바람에 흔들리고 있었

다. 능선을 타고 넘어온 바람은 분화구를 지나며 더욱 세차게 불어왔다. 가
슴 깊이 밀려 들어왔다. 바람 탓이었을까. 거뭇한 구름들이 몰려오고 있기
때문이었을까. 물결처럼 출렁이던 오름들이 세차게 밀려오고 있는 것 같았
다. 바람은 이 땅과 이 땅의 사람들을 보존하고 지키던 신들의 기운 같았고
오름들 하나하나는 그들이 살아온 삶의 흔적들 같고 편린들 같았다. 회한
절절이 남아 있는 순간들 같았고 떨어진 살점들 같았다. 바람이 점점 세차
게 불어왔다. 바람이 불어오는 것이 아니라 내가 바람 속으로 들어가는 것

같았다. 바람의 품에 안겨 바람과 함께 흐르는 것 같았다. 신들의 손길이
내게 닿은 듯했다.

　신들의 은혜일까.
　잔대의 꽃말이 은혜라더니 잔대꽃이 주는 희망일까.

　그렇게 바람 맞으며 거뭇한 구름이 지나는 것을 한동안 바라보았다.

체오름

하늘을
만나다

"그러니까 체오름*을 찾기는 찾았는데 들어가는 길은 못 찾겠어요. 지난 걸음에도 못 찾았었거든요. 내비게이션에서 체오름을 치니 평대목장, 서강목장에 데려다주더라고요."

"거기는 체오름으로 들어가는 길이 아니에요. 근처이기는 한데…."

"그러게요. 체오름이 바로 눈앞에 있기는 한데 길은 찾을 수 없어요. 목장에서 일하시는 분에게 여쭤보니 뒤쪽으로 돌아가야 한다고만 할 뿐 그분

* 체오름은 사유지에 있다. 2~3년 전만 해도 자유롭게 탐방할 수 있었지만 지금은 땅 주인이 길을 폐쇄하여 들어갈 수 없다.

도 잘 모르시더라고요."

"전화로 설명하기가 어려워요. 말로 해도 찾아가시기 어렵고. 볼일도 다 끝났고 가까운 곳에 있으니 함께 가요. 저는 식사했으니 식사하고 계세요. 찾아갈게요."

"그래요? 그럼 좋지요. 식당 정해지면 문자 드릴게요. 좀 있다 봐요."

잘 알려지지 않은 오름을 찾아다닐 때면 두 번 세 번 걸음은 다반사이다. 영아리오름도 어렵게 두 번이나 찾아들었지만 안내판이 없어 길을 헤맸을 뿐 아니라 오름에 가서도 나란히 있는 세 개의 오름 중 어느 것인지 알 수 없었다. 또 누운오름은 세 번이나 걸음을 하였는데, 걸으면서도 그곳이 누운오름이 맞는지 확신을 하지 못했다. 최근에서야 한의사이며 사진가이기도 한 제주 사람 김수오 선생의 도움으로 누운오름을 정확하게 확인할 수 있었다. 이전에 홀로 찾아왔을 때에 왔던 곳이었다. 안내판이 없으니 확신을 하지 못했을 뿐이었다. 잘 알려지지 않은 오름들은 길을 찾아가는 것 자체가 쉽지 않은 경우가 많다. 찾아가는 것이 쉽지 않을 뿐 아니라 어렵게 찾아들었더라도 영아리오름처럼 깊은 숲을 지나야 하는 곳은 길을 잃기도 쉽다. 들어올 때는 한 길뿐이니 확신을 가지고 들어가지만 돌아나올 때에는 여러 갈래 길이 보여 어느 길로 들어왔는지 헷갈리기 때문이다. 그렇기 때문에 깊은 숲에 있는 오름을 찾아들어갈 때에는 중간중간에 지형지물을 세세히 살피며 걸어야 한다. 나 역시 두세 번 걸음을 했던 곳에서도 길이 헷갈려 헤매

기도 하였다. 하지만 그 과정들이 지루하거나 짜증났던 적은 없다. 오히려 즐거웠다. 이 섬이 품은 길들이 아름다웠기 때문이다. 그 길들은 단 한 번도 나를 내친 적이 없다. 언제나 받아주었다. 길뿐인가. 울울창창한 깊은 숲들은 한없이 너그러웠다. 언제나 따뜻하게 품어 위로해주고 설레게 하였다. 그러니 몇 차례의 더딘 걸음들조차 행복하고 감사할 뿐이었다. 그 길들을 걷고 숲을 지나다보면 그 아름다움에 취해 몇 번째 걸음인지, 얼마나 헤맸는지 절로 잊게 된다. 그 길들을 따라 걷다보면 오름을 만나곤 했다. 길들은 오름을 품고 오름은 길들을 내어 서로에게 닿아 있었다.

우리가 식사를 마칠 때쯤 고경대 선생이 왔다. 지금은 오랜 투병 끝에 우리 곁을 떠났지만 당시에는 투병 중에도 일상을 유지하고 있던 양동주 선생과 함께였다. 처음 만나는 얼굴이었지만 오랜 세월 함께 지나온 옛 벗을 만나듯 이내 살가워졌다. 나와 동행한 김수오 선생과도 반갑게 인사 나누었다. 섬에 든 지 오래지 않아 만난 벗들은 모두 오름을 닮은 듯했다. 부드럽고 원만하면서도 심지 굳었다. 모두들 제 자리에 뿌리내리고 머물러 있었다. 마치 태어나기도 전부터 거기 머물러 있었다는 듯 자연스러웠다. 풍경의 일부가 되어 있는 듯했다. 저마다 작은 섬이 되어 어우러져 살아가고 있는 듯했다.

체오름으로 향했다. 잠시 길을 잘못 들기는 하였지만 이내 바른 길로 찾아들었다. 체오름은 송당리와 덕천리의 경계에 있다. 말발굽형으로 생긴 이

오름이 체오름이란 이름을 얻게 된 것은 생김새가 농가에서 곡식을 까부르는 데 쓰는 '체'(키, 箕)' 모양으로 생겼기 때문이라고 한다. 삼태기 모양이라 생각하면 쉬울 듯하다.

"그러니까 여기서 오른쪽으로 들어가야 해요. 이것만 알면 길을 헷갈릴 것이 없어요. 왜 여기 좁은 길에 이런 거치대 같은 것을 설치했는지 모르겠네요. 사유지라서 그런가?"

길 한가운데 제주집의 대문 역할을 하는 정낭처럼 긴 막대기가 설치되어 있었다. 기둥을 세우고 이음새를 달아 열고 닫게 되어 있었다.

"이 길로 쭉 들어가다가 왼쪽으로 나오는 길로 접어들면 체오름이에요."

숲에는 아직 겨울의 흔적이 남아 있는 듯했지만 햇살 따스하여 늘어지는 늦봄의 오후 같았다. 햇살 담은 바람은 훈훈하고 마른 억새들은 잔잔했다. 그 모습이 마치 어서 오라며 미소 짓는 듯했다.

차를 세우고 몇십 미터쯤 걸었을까. 철문이 보였다.

"저 철문 옆으로 들어가면 송전탑이 있어요. 그 송전탑 뒤로 능선으로 오르는 길이 있어요. 분화구를 먼저 들어가볼 수도 있고 능선을 먼저 걸을 수도 있는데, 어디부터 갈까요?"

우리는 능선 길로 들어섰다. 경사도가 비교적 완만한 동쪽 등성이였다. 길은 좁고 시야는 넓었다. 분화구 바깥둘레인 오름의 능선 길은 분화구 쪽으로는 거의 직벽에 가까웠고 바깥쪽도 급경사여서 군데군데 가시철망으

로 울타리가 쳐 있었다. 울타리 밖으로 단아하게 생긴 오름이 보였다. 거친 오름이었다. 표고가 355미터 정도인 작은 오름이다. 오름 정상에 오르면 둘 레가 450미터 정도인 분화구가 눈에 들어온다. 분화구에는 억새 가득하여 서로의 외로움을 달래고 있다. 체오름에서 불과 200미터 정도 떨어져 있다. 거친오름이 품고 있는 숲은 고요하고, 분화구 있는 정상으로 가는 길은 완 만하고 부드럽다. 잘 알려진 오름들처럼 길이 닦여 있지는 않지만 작은 오름 이어서 정상을 바라보며 올라만 가도 길 잃을 염려는 없다. 앞서 길을 걸은 이들이 나뭇가지에 걸어놓은 리본을 따라 들어가는 것도 한 방법이다. 다만

올라가고 내려가는 방향을 헷갈리지 않게 조심해야 한다. 오름이 크고 거칠게 보여 거친오름이라는 이름을 얻었다고도 전해지는데 아무래도 그런 것 같지 않다. 앞서 말했듯이 이 오름은 거칠지 않다. 작은 오름이다. 이 오름이 거친오름이라는 이름을 얻게 된 것은 '거쳐 가는 오름'이기 때문이다. 오름의 북녘 기슭에는 소나 말들이 목을 축이던 연못이 있다. 오래전 말을 몰고 제주읍과 정의현을 왕래할 때 이 못에서 말에게 물을 먹이며 쉬었다고 한다. 그런 탓인지 연못 이름이 '말순이못'이다. 말에게 물도 먹이고 사람도 쉬던 곳이다. 짐을 싣고 온 종일 산길을 걷느라 지친 말이나 사람이 쉬어가던 곳이다. 쉴 만한 연못이고 쉼이 있는 오름이었던 것이다.

몇 걸음 더 이어가자 분화구의 바로 위였다. 숲에 가려져 전체가 보이지는 않았지만 얼마나 깊은지 아득했다.

"조금 후에 내려가 보시면 알겠지만 꽤 높아요. 90미터쯤 된다고 하더군요."

"여기 서니 오름들이 모두 보이네. 희미하지만 멀리 성산일출봉도 보이네요."

"그 왼편에 큰다랑쉬, 아끈다랑쉬도 보이고 옆으로 용눈이도 보이고 높은오름도 보이네요."

"하하, 멋지네. 정말 멋져요."

오름의 능선에서 내려가는 길은 하늘에서 떨어져 내리듯 가팔랐다. 분화구로 들어가는 길은 평온했다. 고요했다. 우리들만 입을 다문다면 사람이 만든 소리라고는 아무것도 들리지 않았다. 새소리, 바람소리, 나뭇잎들 부대끼는 소리, 숲들 수런거리며 속닥이는 소리들만 바람결에 들려올 뿐이었다. 길의 초입에서 분화구까지는 거의 500미터 정도의 거리이니 결코 짧은 길이 아니다. 그 길에 고개라고 할 수 없는 낮은 둔덕이 두 개 있었다. 이 작은 둔덕들이 길의 풍미를 더해주었다. 보이지 않는 것들로 인해 설레었다. 가슴이 뛰었다. 깊은 숲 사이로 난 길은 우리를 품어주었다. 한 걸음 한 걸음 천천히

내딛는 내내 행복했다.

　분화구가 보이기 시작했다. 분화구의 중심부를 바라보았을 때 아무 말
도 할 수 없었다. 가슴이 터져나갈 것 같았다. 능선에서 내려보았음에도 불
구하고 그렇게 넓은 분화구가 있으리라는 것은 상상하지도 못했고 할 수도
없었다. 마치 대지가 펼쳐져 있는 듯했다. 분화구는 대지를 닮은 듯 넓었다.
그 한가운데 커다란 후박나무가 홀로 서 있었다. 그 모습이 얼마나 장엄하
고 경건하든지 절로 옷섶을 여몄다. 꿈을 꾸는 듯했다. 마치 에덴에 들어 선
악과나무를 보는 것 같은 생각이 들기도 하였다. 그렇게 한참을 서 있고서
야 겨우 몇 마디 말을 할 수 있었다.

　"너무 놀라서 말이 안 나오네요. 이런 곳이 있었다니. 너무 멋지네요. 황
홀지경에 든다는 말은 이럴 때 쓰는 말이겠네요. 이곳은 단지 분화구라 말
할 수가 없겠군요."

"…?"

"이곳은 단지 분화구가 아니라 하늘이에요."

그곳은 단지 분화구가 아니었다. 거기에 하늘이 있었다. 하늘의 기운이 그대로 깃들어 있었다. 하늘이 드리워 있었다. 땅이 아니라 하늘이었다. 햇살 좋은 오후였다. 후박나무 곁에 앉아 하늘을 올려보았다. 거기에도 하늘이 있었다. 어디가 하늘이고 어디가 땅인지 구별할 수 없었다. 하늘이 땅이

고 땅이 하늘이었다. 이것과 저것을 구별할 수 없었고, 그럴 필요도 없었다. 마치 이 순간을 위해 살아왔다는 듯이 나는 그 풍경 속으로 스며들었다. 하늘도 땅도 나도 없었다. 오로지 그 모든 것이 어우러진 하나의 풍경이 있을 뿐이었다. 그 순간 그곳에 머물렀던 것들은 하나였다. 하나의 존재였다. 그렇게 나를 만났다. 내 삶의 전부이기도 했던 그 순간이 그렇게 지났다.

좁은간마장 길

큰사슴이오름과 따라비오름

마음
내려놓다

바람 타는 섬 제주를 여행객으로 찾을 때는 알지 못했으나 이 땅에서 살아가며 알게 된 것들이 있다. 그중 하나가 오름이다. 그저 여행객으로 지날 때에는 아름다운 풍광을 둘러보는 여행지였을 뿐이지만 이 섬에 몸 기대어 살아가고 있는 지금은 오름은 그저 풍광 좋은 곳이 아니라 내 삶의 일부가 되었다. 오름을 사랑하게 되었다. 이른 새벽, 안개 깔린 오름의 숲길이나 초원을 걷다보면 나를 품어주는 것을 느끼게 된다. 자연이 주는 평안함이란 그런 것일까. 장엄하다 못해 황홀하기까지 한 여명의 찬란함도, 하늘뿐 아니라 내 가슴까지 붉게 적시는 낙조의 아름다움도 그 평안함이 주는 아름다움에는 미치지 못한다. 고요함과 평화로움이 주는 아름다움이다. 그 아

름다움은 오름의 부드러운 능선을 따라 흐르고 풀섶마다 길마다 배어 있다.
이 아름다움을 알게 된 후 여행객들에게 해주는 말이 있다. 오름을 찾게 되
거든 일정에 쫓겨 그저 올라갔다 내려오지 말고 잠시라도 머물라는 것이다.
십 분, 이십 분이라도 오름에 머물기 바란다. 그 순간만은 삶도, 일도, 이런
저런 마음의 분주한 생각들도 다 잊고 눈을 감고 마음을 열어 오름을 느끼

기 바란다. 오름의 소리를 듣고 바람을 탈 수 있기 바란다.

　　오름이 낸 길은 오름으로 이어지고 삶이 낸 길은 삶으로 이어진다. 삶이
낸 길은 오름이 낸 길과 다르다. 산줄기 첩첩하고 산들 겹겹이 둘러싸인 산
길에서처럼 길 잃고 헤매기 쉽다. 수십 갈래로 나눠지는 길들을 보며 어디

로 가야 할지 길을 잃기도 한다. 그래서 인생길은 여느 길과 다른 것이다. 누구나 인생길에서 한두 번은 이렇게 길을 잃어본 경험이 있을 것이다. 아래와 위, 앞과 뒤로 첩첩하고 겹겹하여 나아가지 못하고 어쩔 수 없이 머물러야만 하게 되는 때가 있다. 그러한 상태를 주역은 '중산간重山艮'이라는 괘로 푼다. 중산간이라는 괘는 말 그대로 아래위로 산이 겹겹이 막혀 있어 나아가지 못하는 상태를 말한다. 하지만 이것은 좌절과 절망의 상태를 말하고 있는 것만은 아니다. 오히려 반대이다. 희망과 지혜를 전하고 있다. 모든 행동을 잠시 멈추고 조용히 머물러 자신을 돌아보라는 것이다. 머물러야 할 자리임을 깨닫고 자신을 돌아보며 덕을 쌓으라는 가르침이다. 한 걸음 더 나아가 자신이 머물러 있어야 할 본래의 자리가 어디인지 깨달으라는 것이다. 그것이 올바름에 머무는 것이며 그럴 수 있을 때 삶이 회복된다는 의미이다. 비로소 첩첩하고 겹겹이 막혔던 길들이 다시 열린다는 가르침이다. 머물러 마음을 회복하고 덕을 쌓아 막혔던 길을 절로 열리게 하는 삶의 지혜를 의미하는 것이 바로 '중산간' 괘이다. 중산간 괘와 한자는 다르지만 제주의 중산간中山間 지역에 들었을 때에는 마음을 비우고 무심히 걷는 것이 좋다. 따라비오름과 큰사슴이오름을 품고 있는 졸븐갑마장길은 그럴 때 걷기 좋은 길이다.

졸븐갑마장길을 찾았다. 졸븐갑마장길은 서귀포시 표선면 가시리 마을에 있는 길이다. 조랑말체험공원 주차장에 차를 세우고 들어온 길로 대략 100미터쯤 내려가면 도로 건너편에 입구가 보인다. '갑마장길'이란 이 지역이 우수한 말들인 갑마를 키우던 목장이어서 얻게 된 이름이다. 말들이 다니던 길이란 뜻이다.

　말이 넘어오지 못하도록 막아놓은 디귿자형 통로가 눈에 들어왔다. 꽃머체를 거쳐 큰사슴이오름으로 가지 않고 가시천을 따라 따라비오름으로 향했다. 나는 졸븐갑마장길을 걸을 때마다 늘 따라비오름으로 먼저 길을 잡았다. 고요함과 안온함을 함께 지니고 있는 따라비오름의 부드러움에 안겨 위로를 얻은 후에야 비로소 여유롭게 자박자박 걸을 수 있기 때문이었다. 그런 후에야 큰사슴이오름에서 바라보는 대초원을 자유롭게 바라볼 수 있었다. 햇살을 받은 나뭇잎들이 바람에 몸 뒤집으며 빛나고 있었다.

　내가 왜 빛나는지 아세요? 빛으로 만들어졌기 때문이에요.

　이렇게 말 건네고 있는 것 같았다. 가시천은 가시리 마을의 상류부에 해당하는 물찻오름과 붉은오름 사이에서 발원한 후 큰사슴이오름, 작은사슴이오름, 따라비오름, 설오름, 갑선이오름을 거쳐 바다와 만나는 하천이다. 제주도 대부분의 하천들은 평상시에는 물이 흐르지 않는 건천乾川이다. 제주의 토양이라는 것이 대개의 경우 바위가 된 용암들이 겹겹이 쌓여 있는 것이어서 한라산에서 지하로 스며든 지하수들이 암반을 뚫고 올라올 수 없기 때문이다. 그렇게 보면 제주는 지하수들 위에 떠 있는 땅이기도 하다. 물길만 찾으면 끊이지 않는 맑은 물을 만날 수 있는 땅이다. 총 길이 20.19킬로미터인 이 하천은 세화리까지 이어져 있다.

　따라비오름 가는 길을 알려주는 이정표 곁으로 초원이 보였다. 지난 초

여름 이 초원에서 어린 노루의 사체를 만났다. 시간이 제법 흐른 듯 부분적으로 썩어가고 있었다. 생명의 또다른 모습이다. 죽음은 삶의 한 과정일 뿐이다. 어찌 저 노루뿐이겠는가. 나 역시 멀지 않은 시간 안에 땅으로 돌아갈 것이다. 그러면 다시 풀잎이 되기도 하고 나뭇잎이 되기도 하겠지. 물고기의 일부가 되기도 하고, 어린 노루가 되기도 하겠지.

 길을 이었다. 따라비오름*이 지척이었다. 따라비는 오름의 여왕이다. 368개의 오름 중 유일하게 여왕의 호칭을 받은 오름이다. 다소 가파른 나무 계단을 오르니 하늘이 바로 품안으로 들어온다. 지난 가을처럼 빛나지는 않았지만 억새는 여전히 은빛으로 빛나고 있었다. 바람은 따라비오름이 품고 있는 세 개의 굼부리에 머물고 억새는 바람 따라 출렁이고 있었다. 그 모습이 마치 파도처럼 겹겹하고, 산들처럼 첩첩하였다. 나 역시 억새와 함께 흔들렸다. 가을 억새가 지난봄을 잊지 못하고 다가올 봄을 그리워하듯이 나도

---

* '따라비'라는 이름의 유래에 대한 해석은 다양하다. 이웃해 있는 모지오름과 지아비, 지어미가 서로 따르는 모양이라서 따라비라 한다고도 하고, 가까이에 있는 모지오름·장자오름·새끼오름의 가장 역할을 한다고 하여 '따애비'라 불리던 것이 '따래비'로 와전된 것이라고도 한다. 또 모지오름과는 시아버지와 며느리 형국이라서 '따하래비'(지조악地祖岳)라 했다고 풀이하기도 한다. 이런 여러 가지 설에 대하여 민속학자 김인호 선생은 다음과 같이 명쾌하게 풀이하였다. 원래의 이름은 '다라비'인데 이는 고구려 말이라는 것이다. '다라'는 '달을達乙·달達'에서 온 것으로 '높다'라는 뜻이고, '비'는 제주 산명에 쓰이는 '미'에 통하는 접미사로 '다라비'는 '다라미'라는 것이다. 즉 '높은 산'이라는 뜻이다. 이 '다라비'가 '따라비'로 경음화한 것이 '따하라비·땅하라비'로 풀이되면서 '지조악地祖岳'이라는 한자 표기가 나왔다는 것이다. 『오름나그네』, 김종철 지음. 높은오름, 1995.

지나간 날들을 잊지 못하고 살아갈 날들을 그리워하며 그렇게 능선의 어느 자락에 앉아 있었다.

　잣성길로 접어들었다. 잣성은 돌담이다. 제주에서 처음 목장이 만들어진 것은 원나라의 영향력 아래 있던 13세기 말이지만, 나라에서 운영하는 국영목장이 설치된 것은 조선조 세종 때였다. 세종 11년인 1429년 국영목장을 설치하면서 해안지역의 농경지와 중산간 지대의 방목지 사이에 돌담을 쌓았다. 그 돌담이 바로 '잣성'이다. 해발 150~250미터 정도의 지역에 섬 전체를 빙 둘러 이 돌담을 쌓았다고 하니 굉장한 역사役事였을 것이다. 이 잣성은 필요에 의해 계속 지어졌다. 말들이 한라산 산림으로 들어가 동사하거나 말을 잃어버리는 것 등을 막기 위해 해발 450~600미터 지역에 '상잣'을 쌓고, 후일에는 농경지의 부족을 해소하기 위해 해발 350~400미터 지역에 '중잣'을 쌓아 농사와 방목을 번갈아 하도록 했다. 이처럼 잣성만 보아도 제주 사람들의 삶과 문화와 역사를 온전히 이해할 수 있다. 이 목장들에서 키우는 말들 중 품질이 가장 뛰어난 말들을 '갑마'라고 하여 따로 관리했다.

조선 땅에서 최고의 말인 갑마를 키우던 땅이라는 자부심이 갑마장길이라
는 이름에는 녹아 있다.** 그러나 품질이 우수한 갑마의 역사는 제주민들에
게 있어 자부심의 역사인 것만은 아니다. 그것은 원과 고려에 의한 끝임없
는 수탈의 대상이기도 했던 것이다. 고려 우왕 5년(1379년)부터 공양왕 4년
(1392년)까지 13년 동안 무려 2만 필 이상의 말을 바쳤다고 하니 수탈이 얼

** 『이것이 제주다』, 고희범 지음, 단비, 2013, 60쪽.

마나 극심했는지 알 수 있다. 이런 역사의 흔적을 그대로 담고 있는 잣성은
정작 저간의 사정을 알고나 있는지 말이 없다.

　길을 따라 흘러들었다. 바람은 오름과 오름 사이에 머물고 있는지 거대
한 풍력발전기들이 이내 멈춰설 듯 완만하게 돌아가고 있었다. 국궁장을 지
나 큰사슴이오름으로 들어갔다. 사슴이 많이 살고 있어 큰사슴이라는 이름
을 얻게 되었다고도 하고, 생김새가 사슴을 닮았다 하여 큰사슴이라는 이

름을 얻게 되었다고도 하였다. 하지만 큰사슴이오름에는 더이상 사슴이 살지 않는다. 옛날부터 이 섬에서 살아오던 사슴은 없다. 사라진 지 오래이다. 다만 수입되어 들어왔던 대륙사슴이 한라산에 살고 있다고 한다.

큰사슴이오름은 높이 474.5미터로 제법 큰 오름에 속하지만 산세는 부드럽고 기운은 맑다. 큰사슴이오름을 내려오니 대초원이 펼쳐져 있다. 초원에는 저녁 어스름 깃들고, 오름에는 노을 깃들어 붉게 물들고 있었다. 붉은

사슴이 웅크리고 앉은 듯했다. 큰사슴이오름이라는 이름이 참 잘 어울린다
고 생각했다. 사슴이 사라진 초원에는 노루들 무리지어 뛰놀고 있었다. 노루
들 위로 노을의 끝자락이 길게 드리웠다. 그 길에 마음 내려놓았다.

윗세오름

신들의 정원,
비움의 아름다움

어리목에서 윗세오름으로 향했다. 눈 덮인 숲은 깊이 감춰두었던 아름다움을 한껏 드러내고 있었다. 눈의 무게를 견디지 못해 늘어진 가지들도 아름다웠다. 저마다 이야기를 품고 저만의 아름다움으로 빛나고 있었다. 그 아름다움조차 슬펐다. 슬프고 설레고 황홀했다. 땅에 닿을 듯 늘어진 가지들은 누구에게도 말할 수 없던 깊은 슬픔들에 닿아 있는 듯했다. 제 몸보다 더 많은 눈을 이고 달고 있는 가지들은 오늘을 살아가느라 그런 슬픔들에 초연한 듯했다. 맑고 푸른 하늘을 향해 뻗어 있는 가지들은 가닿을 수 없는 것들을 갈망하는 듯했다. 그것조차도 슬퍼보였다. 맑은 호수에 내려앉은 하늘처럼 나뭇가지 사이로 보이는 하늘은 투명했다. 눈 덮인 겨울 숲이 그대로

하늘길인 듯했다. 황홀지경이 이런 것일까. 슬픔과 설렘이 함께하고 하늘과 땅이 구별되지 않는 그런 세계. 슬픈 설렘이라고 할까. 황홀한 슬픔이라고 할까. 바람 타는 섬의 눈 덮인 겨울 산은 그런 것들로 가득했다. 햇살 드리우자 가지의 눈들이 투두둑 떨어졌다. 마치 숲이 손을 내밀어 내 어깨를 가볍게 두드려주는 듯했다. 반갑게 맞아주는 듯 정겨웠다. 며칠 전 새벽에 꾸었던 꿈속으로 다시 들어간 듯하였다. 이른 새벽 설핏 잠에서 깼다가 다시 잠이 들었다. 길에 있었다. 길을 가고 있는 듯했다. 풍경이 신비로웠다. 산인데 산 아닌 것들이 길가에 있고, 돌인데 돌 아닌 것들이 냇가에 있고, 바람인데 바람 아닌 것들이 불어오고 있었다. 나무인데 나무 아닌 것들이 서 있고, 꽃인데 꽃 아닌 것들이 피어 있었다. '아닌 것'이라고 말하기보다는 이것인지 저것인지 '알 수 없는 것'들이 모두 한길에 있었다. 도저히 함께 있을 수 없다고 생각되던 것들이 자연스럽게 어우러져 있었을 뿐 아니라 아름답기까지 하였다. 사람들이 '이것은 이것이고 저것은 저것이다'라고 구분하고 정해놓은 것들을 넘어서 모든 것이 하나였다. 서로 다른 것들조차도 다른 것이 아니라 사물의 다른 면, 존재의 다른 얼굴일 뿐이라는 것을 말하고 있는 듯했다. 대체 이런 꿈을 왜 꾼 것일까. 꿈이 현실로 변화되고, 길이 숲으로 달라졌을 뿐 마치 그 새벽의 꿈속에 들어 있는 듯하였다. 꿈같이 조화롭고 황홀할 정도로 아름다운 숲길로 들어갔다.

　사진도 찍고 수다도 떨며 앞서거니 뒤서거니 하는 사이에 길이 열렸다.

사제비동산이었다. 벌써 절반 조금 넘게 걸어왔다. 길이 짧게 느껴졌다. 이내 윗세오름 산장에 닿을 것만 같았다. 열린 길 위로 햇살이 쏟아지고 있었다. 잔잔한 바람이 시원했다. 안내판이 눈에 들어왔다. 노루오름, 바리메오름, 큰노꼬메와 족은노꼬메오름 그리고 붉은오름과 쳇망오름이 보였다.

　"저 오름들 중 붉은오름과 쳇망오름은 가보지 못했어요. 그런데 붉은오름보다는 쳇망오름을 가보고 싶어요. 저기 분화구가 도너츠처럼 생긴 것이 쳇망오름인데 어디로 들어가는지 모르겠어요."

　"검색해보면 나올 것 같은데. 한번 찾아보지요. 찾을 수 있을 듯해요."

　"아마도 길이 반듯하게 나 있지는 않을 것 같아요. 가려면 갈 수는 있겠지만. 탐방금지구역일 거예요. 한라산이 품은 오름이 많은데. 그것만으로도 책 한 권은 능히 쓰고도 남을 듯한데 아마도 대부분 탐방금지구역일 것 같아요."

　우리는 시골 툇마루에 앉아 햇살을 즐기는 노인들처럼 따스한 햇살을 받으며 수런수런 조근조근 담소를 즐겼다.

윗세오름을 향했다. 윗세오름은 어리목과 영실에서 올라오는 길이 만나는 지점에 있는 세 개의 오름을 합쳐 부르는 이름이다. 정확히 말하자면 영실 코스에 있다. 한라산의 주봉인 부악釜岳의 서쪽 아고산 지대에 나란히 펼쳐져 있는 세 개의 오름이 윗세오름이다. 윗세오름은 '위에 있는 세 개의 오름'이라는 뜻이다. 천백고지 쪽에 삼형제오름이 있는데, 그 삼형제오름과 구별하기 위해 윗세오름이라고 이름 지은 것이다. 윗세오름은 제각기 이름을 지니고 있다. 지금은 쉼터의 역할만 하고 있는 윗세오름 산장에서 영실 코스로 내려가며 가장 먼저 보이는 오름이 붉은오름(1704미터)이다. 노루샘 바로 위에 길게 누워 있는 오름은 누운오름(1711미터)이다. 그 아래 있는 것이 족은오름(1609미터)이다. 이 윗세오름의 아고산 지대를 '선작지왓'이라고 부른다. '작지'는 '자갈'을 뜻하고, '왓'은 '밭'을 일컫는 제주 말이다. 그러니 선작지왓은 크고 작은 돌들이 많은 밭이라는 의미이다.

이곳은 봄철에는 산진달래로 붉게 물들어 장관을 연출한다. 산진달래뿐 아니라 누운향나무, 백리향, 시로미 등의 군락도 만날 수 있다. 한마디로 하늘의 기운이 서려 있는 천상의 세계이다. 그 아름다움을 형용할 길이 없다. 비움의 아름다움이다. 자기를 다 비워 평안과 평화를 이룬 땅이다. 들어오는 이들을 온전히 받아들이고 있는 수용의 땅이고 용서의 땅이다. 자기비움의 땅이다. 그래서 이 땅에 들면 말할 수 없는 평안함을 느끼며 결코 용서할 수 없을 것 같았던 나 자신조차도 용서하게 된다. 평화의 땅이다. 살림

의 땅이다. 조화와 상생의 땅이다. 사람에게 허락된 신들의 정원이다.

　우리는 그 땅으로 들어서고 있었다. 골마다 피어오른 운무들이 윗세오름을 지나며 산 전체를 감싸고 있었다. 그 황홀한 아름다움에 절로 걸음 멈추었다.

저 하늘을 어쩌란 말인가.
어쩌자고 저 하늘은 저리 푸르고 구름은 저리 흐른단 말인가.

    옛사람들에게 있어 산은 신들의 땅이었다. 생명을 품어 키우고 살리는
하늘의 지혜가 깃드는 곳이었다. 단군이 산으로 내려오고 죽어서도 산으로
들어가 산신이 되었다는 이야기도, 사람들이 산에 들어가 기도를 하여 아기

를 점지받았다는 이야기도 모두 이런 세계관에서 기인된 것이다. 그래서 민족의 영산이라는 백두산은 이름이 '지혜의 머리가 되는 산'이라는 의미를 담고 있는 '백두산'이 된 것이고, 분화구의 못도 '하늘의 못'인 '천지天池'라는 이름을 얻게 된 것이다. 같은 이유로 지리산의 최고봉은 '하늘의 봉우리'인 '천왕봉'이 될 수밖에 없는 것이고, 천왕봉 바로 아래 '하늘로 들어가는 문'인 '개천문'과 '하늘로 통하는 문'인 '통천문'이 있게 된 것이다. 그러하기에 이 산 역시 '사람 사는 세상의 지혜와는 다른 종류의 지혜를 품고 있는 산'이라는 의미를 담은 '지리산智異山'이라는 이름을 얻게 된 것이다. 산들의 정상 부근은 신들이 머무는 신성한 땅이었다. 그래서 인간들은 들 수 없는 영역이었고, 감히 들어서도 안 되는 땅이었다.

한라산 역시 그러하다. '한漢'은 '은하수'를 뜻하고, '라拏'는 '붙잡다, 끌어당기다'라는 뜻이다. 그러니 한라산이라는 이름은 '은하수를 붙잡을 수 있는 높은 산'이라는 의미를 담고 있다. '은하수를 잡을 수 있을 정도로 높다'는 의미는 단지 높이만을 말하고 있는 것은 아니다. 신들의 영역이라는 것을 의미하는 것이다. 산의 정상 부근인 백록담 부근은 하늘에 속한 신의 영역이다. 분화구에 형성된 못의 이름이 백록담이 된 것도 그곳이 신들의 땅이라는 것을 말해주고 있다. '흰 사슴이 물을 마시던 못'이라고 해서 그대로 '백록담'이 되었다. 신선들이 흰 사슴을 타고 다니며 은하수를 낚아채기도 하는 곳이 어찌 사람의 영역이 될 수 있겠는가.

우리는 백록담 주변과는 달리 옛사람들에게도 드나드는 것이 허락되었던 땅인 윗세오름으로 들어갔다. 지나는 이들이 제법 많았음에도 초원은 고요했고 바람은 잔잔했다. 하늘은 눈 덮인 호수처럼 맑았다. 잔잔한 바람에도 구름은 흐르고 산은 변화하고 있었다.

윗세오름의 산장은 여전히 그 자리에 있었다. 지붕 위에서 햇살이 부서지고 있었다. 햇살 그윽한 곳에 자리잡았다. 컵라면을 사왔다.* 우리는 별 말 없이 흐르는 구름을 바라보았다. 겨울철이라서 그런지 여름철과 달리 큰까마귀가 많지 않았다.

"이제 드셔도 될 것 같습니다."

"아, 그래요?"

컵라면 뚜껑을 열자 김이 피어올랐다. 그 모습이 꼭 구름 같았다.

"구름 같네요"

"하하, 그러게요."

"김이면 어떻고 구름이면 어때요. 어차피 흘러가는 것인데요. 나는 유언을 남겨놓았어요. 화장을 한 후 아주 조금만 가져다가 윗세오름에 뿌려달라고 말이에요. 나는 이 땅에 남고 싶어요. 이 땅의 구름 속에 머물고 바람

---

* 오늘날 윗세오름 산장은 쉼터의 기능만 하고 있다. 세찬 바람과 뜨거운 햇볕, 비와 눈을 피할 수 있는 쉼터이다. 매점은 없으니 간단한 먹거리를 준비해 산행하시기 바란다.

따라 흐르며 이 산에 머물고 싶어요. 다 비울 수 있을 것 같기는 한데, 그 욕심만은 잘 비워지지 않네요. 하하."

　한 해 전 겨울에 겪었던 체감온도 영하 30도의 추위는 마치 다른 세상의 일이라는 듯 아직 겨울 지나지 않은 2월 중순인데도 춥지 않았다. 구름도 한가로웠다. 한가롭기만 한 윗세오름에 바람 불기 시작했다. 백록담에서 내려온 바람은 차가웠다. 점점 세차게 불어왔다. 물장오리습지에 빠져 무겁기만 하던 육신을 벗어버린 설문대할망의 바람이었다. 그 바람이 내 몸을 감싸고 있었다. 품어주는 듯했다. 거추장스런 육신을 벗어버리고 이 섬이 되고, 한라산이 되고, 바람이 된 설문대할망의 손길이 나를 어루만지고 있었다. 왜 그랬을까. 괜스레 눈물 맺혔다. 동행에게 보일세라 고개를 돌렸다. 바람을 마주하고 싶었다. 바람을 향해 걸어가고 싶었다. 바람 속으로 뛰어들고 싶었다. 바람 따라 흐르고 싶었다. 산자락을 타고 사람 사는 마을로 흘러들고 싶었다. 백록담에서 내려온 찬바람에 휩싸여 나는 홀로 아득했다. 따뜻했다.

작가의 말

스스로 태어난 것들로 이루어진 섬

섬은 섬이어서 좋은 것이다. 이 섬의 모든 것들은 스스로 태어났다. 사람이 만든 것들이 아니다. 땅은 땅대로, 돌은 돌대로, 나무는 나무대로, 바람은 바람대로, 오름은 오름대로, 바다는 바다대로, 하늘은 하늘대로 모두 저마다 스스로 태어났다. 스스로 태어난 그들에게 몸 의탁해 살아온 이 섬의 사람들은 그들이 베푼 은덕에 감사했다. 마음에 품어 감사하고 존중했다. 신으로 섬겼다. 섬의 사람들은 섬의 모든 것들과 조화를 이루며 살아왔다. 섬을 섬 그대로, 바다를 바다 그대로, 하늘을 하늘 그대로, 바람을 바람 그대로, 돌을 돌 그대로, 나무를 나무 그대로, 오름을 오름 그대로 지키고 보존하기 원했다.

하지만 오늘날 이 섬은 본래의 모습을 잃어가고 있다. 땅은 병들고 바다는 죽어가고 있다. 오름은 파헤쳐졌다. 살아 있는 물인 산물이 콸콸 쏟아지던 물통들도 사라지고 있다. 스스로 태어나고, 스스로 존재해온 것들이 사람들에 의해 파괴되고 사라지고 있다. 스스로 태어나고 스스로 존재해온 것들이 사라진다면 이 섬에는 무엇이 남을까. 신들이었던 것들이 병들고 무너지고 파괴되어 사라지면 이 섬은 그대로 섬이라고 할 수 있을까. 신들이 사라진 땅에서 사람들은 제대로 살아갈 수 있을까. 이 섬에 몸 붙이고 대대로 살아온 이들이 그러한 삶을 견뎌낼 수 있을까. 섬은 섬이어서 좋은 것이다. 섬을 섬답게 지키고 보존해야 한다. 그것만이 섬도 사람들도 함께 살아갈 수 있는 유일한 길이다.

이 섬에 들어온 지 여덟 해가 지났다. 아홉 번째 봄을 맞고 있다. 때로 사

람들이 묻는다. 대부분의 시간을 홀로 보내는데 외롭지 않느냐고. 나는 대답한다. 외롭지 않다고. 홀로 지내지 않는다고 말한다. 꽃도 있고, 나무도 있고, 바람도 있고, 비도 있고, 눈도 있어 외롭지 않다고 말한다. 사슴과 노루, 고라니도 있고, 멧돼지도 있다. 들개와 길고양이들, 도룡뇽과 개구리, 뱀들도 있어 심심하지 않다고 말한다. 그뿐인가. 걸음 닿는 곳마다 돌들이 있어 살아가는 즐거움이 있다고 말한다. 돌들도 저마다 살아 있다. 모양이 다르고, 느낌도 다르다. 무엇인가 되기 원한다. 돌들이 바라는 것, 돌들이 건네는 말을 들으며 걷다보면 외로울 틈이 없다고 말한다. 돌들에게도 마음이 있다. 어디 그뿐인가. 걸을 수 있는 아름다운 길이 있어 외롭지 않다고 말한다. 언제든 찾아가면 너그럽고 넉넉하게 품어주는 오름들이 있으니 홀로 외로울 틈이 없다고 말한다. 오름은 바람의 집이다. 오름에 들면 언제나 바람이 나를 맞아준다. 품어준다. 때로는 몸이 휘청거릴 정도로 세찬 바람으로, 때로는 볼을 감싸는 따스하고 다정한 바람으로. 바람은 내 마음에 들어와 시내가 되고 강이 되어 흐르기도 하고 잔물결 출렁이는 맑은 호수가 되기도 한다. 설문대할망의 바람이다. 손길이다. 그러니 어찌 외로울 짬이 있겠는가.

이 섬의 모든 것들이 나를 돌보고 지킨다. 스스로 태어나 자유로운 것들이다. 이 섬은 자유롭다. 그러니 나 또한 자유로워진다. 이 섬에 들면 자유로운 영혼이 된다. 스스로 태어난 자유로운 생명들과 더불어 살아가기 때문이다. 그 자유로운 존재들이 나를 이 섬에서 살아가게 하고 돌보며 지켜준다. 내가 그들을 지키고 돌보는 것이 아니다. 그들이 우리를 돌보며 살아가게 하는 것이다. 우리가 그 사실을 잊고 지낼 뿐이다. 오래전부터 이 섬에 몸 붙이고 살아온 사람들은 그것을 알고 있었기에 이 섬에는 수많은 신화와 전설들이 깃들어 있는 것이다. 그 수많은 신화와 전설들은 그들이 그들 자신의 힘으로 살아온 것이 아니라 자신들이 알 수 없고, 알지 못하는 수많은 존재들과 손길들의 보살핌으로 살아왔다는 고백인 것이다.

스스로 태어난 것들로 이루어진 이 섬이 본래의 모습을 지켜갈 수 있기 바라는 마음 간절하다.

섬, 중산간 어디쯤에서

최창남 두손

신들의 땅

섬오름 이야기

2022년 8월 30일 초판 1쇄 찍음
2022년 9월 15일 초판 1쇄 펴냄

지은이   최창남
사진작가 김수오

펴낸이 정종주
주간 박윤선
편집 박소진 김신일
마케팅 김창덕

펴낸곳 도서출판 뿌리와이파리
등록번호 제10-2201호(2001년 8월 21일)
주소 서울시 마포구 월드컵로 128-4 (월드빌딩 2층)
전화 02)324-2142~3
전송 02)324-2150
전자우편 puripari@hanmail.net

디자인 가필드
종이 화인페이퍼
인쇄·제본 영신사
라미네이팅 금성산업

값 18,000원
ISBN 978-89-6462-180-6 (03980)